地理信息技术实训系列教程
GIS 应用型人才培养教学丛书

初识地理信息系统

王 春 顾留碗 李伟涛 编著

U0209973

地理信息系统国家级特色专业建设点项目
地理信息科学国家级专业综合改革试点项目
安徽省地方应用型高水平大学建设项目   资助出版
安徽地理信息集成应用协同创新中心
地方性高校地理信息系统专业应用型人才培养模式创新实验区

科学出版社

北 京

内 容 简 介

近年来国内外出版的一系列关于地理信息系统应用技能的书籍，部分侧重于科学原理阐明，部分侧重于专业部门的应用。本书依据应用型本科人才培养要求，既介绍常见 GIS 软件的操作与应用，又拓展前沿核心技术，具有良好的实用性。全书分 Google Earth 和 MapInfo 软件两个部分，共 9 章，主要内容为：初识 Google Earth，Google Earth 基本功能，Google Earth 高级功能，Google Earth 应用案例，MapInfo 概述，地图数据编辑，属性表编辑，数据查询与数据统计，地图制作与输出。每章内容针对某一个专题设计练习实验，并进行详细解释说明，方便读者阅读使用。

本书求实创新、图文并茂、深入浅出，融理论、实践、操作、数据处理与应用分析为一体，既可作为高等院校地理信息科学、测绘工程、城市规划等专业学生的教材，也可作为 GIS 制图人员的重要参考资料。

图书在版编目(CIP)数据

初识地理信息系统/王春，顾留碗，李伟涛编著 .—北京：科学出版社，2015.3

地理信息技术实训系列教程
(GIS 应用型人才培养教学丛书)
ISBN 978-7-03-043755-6

Ⅰ.①初… Ⅱ.①王…②顾…③李… Ⅲ.①地理信息系统-高等学校-教材 Ⅳ.①P208

中国版本图书馆 CIP 数据核字（2015）第 051480 号

责任编辑：杨 红/责任校对：蒋 萍
责任印制：徐晓晨/封面设计：迷底书装

科学出版社 出版
北京东黄城根北街 16 号
邮政编码：100717
http://www.sciencep.com

北京中石油彩色印刷有限责任公司 印刷
科学出版社发行 各地新华书店经销

*

2015 年 3 月第 一 版 开本：787×1092 1/16
2019 年 3 月第五次印刷 印张：11
字数：260 000

定价：32.00 元
（如有印装质量问题，我社负责调换）

前　言

地理信息系统（geographical information system，GIS）是对地理空间信息进行描述、采集、处理、存储、管理、分析和应用的一门新兴学科。随着计算机技术、信息技术、空间技术的发展，GIS越来越深入地应用于测绘、资源管理、城乡规划、灾害监测、环境保护、国防建设等多个领域，迫切需要众多具有坚实专业知识与技能的应用型人才。作为GIS专业人员，除了具备GIS理论知识外，更应掌握GIS基础应用技术。目前，国内外有关GIS基础理论和应用技能的教材虽然很丰富，但缺乏面向GIS应用型人才培养的系统化实用教材，在一定程度影响到GIS应用型人才的培养质量。

自2001年以来，滁州学院在GIS专业应用型人才培养方面开展了多方面的改革与创新探索。本专业先后获得第四批地理信息系统国家级特色专业建设点、首批国家级专业综合改革试点项目，以及安徽省地方性高校地理信息系统专业应用型人才培养模式创新实验区、安徽省地方应用型高水平大学建设重点建设专业、安徽省地理信息集成应用省级2011协同创新中心等项目。"GIS基础应用技能系列教材"采用项目导向式确定教材内容及相应的教学方法，引导学生循序渐进掌握GIS基本应用技能，主要包括《初识地理信息系统》、《地图数据采集》、《遥感信息解译》、《空间分析基础》四册。四册教材都是在自编讲义的基础上，经过10多年的使用后不断修订而成。

《初识地理信息系统》是"GIS基础应用技能系列教材"的第一册，主要通过对Google Earth、MapInfo软件的项目导向式教学，引导GIS及相关专业初学者初步使用GIS技术，建立GIS的基本认识，增强专业学习兴趣，激发专业学习热情。本书共9章，其中第1章至第4章为Google Earth篇，主要内容包括初识Google Earth、Google Earth基本功能、Google Earth高级功能、Google Earth应用案例等四个环节，旨在引导读者初步认识GIS应用服务。第5章至第9章为MapInfo篇，主要内容包括MapInfo概述、地图数据编辑、属性表编辑、数据查询与数据统计、地图制作与输出等五个环节，重点使读者掌握GIS地图制图的基本流程及规范。每章后都有实例练习和详细操作步骤，并辅以相应的实验数据，方便读者课后练习和复习。

"GIS基础应用技能系列教材"由王春、戴仕宝、郑朝贵主编，滁州学院地理信息科学系、测绘工程系、地理科学系老师参与了系列教材的资料收集、实验设计、初稿编写、文稿校对等工作。南京师范大学闾国年教授、汤国安教授、安徽大学吴艳兰教授、滁州学院庆承松书记、许志才校长、程曦副校长、晋秀龙教授、李庆宏教授、诸立新教授、李虎教授、费立凡教授等对本系列教材的编写提出了宝贵的意见。《初识地理信息系统》由王春负责全书内容设计、组织、审校及定稿工作，顾留碗负责第1章至第4章的初稿编写，李伟涛负责第5章至第9章的初稿编写。杨灿灿、李鹏、陈泰生、王靖、王崟、江岭等参与了部分实验设计及书稿审校工作。在此表示衷心的感谢。

由于作者水平有限，加之时间仓促，书中疏漏之处在所难免，敬请读者批评指正。

编者
2015年3月2日

目　　录

前言
第 1 章　初识 Google Earth ·· 1
1.1　Google Earth 概述 ·· 1
1.1.1　Google Earth 简介 ·· 1
1.1.2　Google Earth 数据来源 ·· 2
1.1.3　Google Earth 能做什么 ·· 3
1.2　Google Earth 安装 ·· 4
1.2.1　系统要求 ··· 4
1.2.2　安装过程 ··· 5
1.2.3　参数设置 ··· 6
1.3　Google Earth 工作界面 ·· 7
1.3.1　主界面区 ··· 7
1.3.2　搜索定位区 ·· 9
1.3.3　位置信息区 ·· 9
1.3.4　图层信息区 ·· 9
1.3.5　常用工具条 ·· 9
1.4　获取支持 ··· 11
1.4.1　Google 相关服务网站 ··· 11
1.4.2　资源链接 ··· 11
1.5　实例与练习 ·· 12
第 2 章　Google Earth 基本功能 ·· 14
2.1　基本地图功能 ··· 14
2.1.1　设置 3D 视图 ·· 14
2.1.2　游览地球 ··· 14
2.2　本地搜索 ··· 17
2.2.1　基本查询 ··· 17
2.2.2　高级查询 ··· 18
2.3　线路导航 ··· 18
2.3.1　获取路线 ··· 18
2.3.2　编辑路线 ··· 19
2.3.3　游览路线 ··· 22
2.3.4　打印路线 ··· 24
2.4　距离和面积测量 ·· 24
2.4.1　基本操作步骤 ·· 24

2.4.2　修改测量范围 ·· 24

2.5　图层管理 ·· 25

2.5.1　查看图层 ··· 25

2.5.2　定制图层 ··· 26

2.5.3　实用图层 ··· 27

2.6　使用多媒体 ·· 28

2.6.1　照片管理 ··· 29

2.6.2　视频管理 ··· 30

2.7　实例与练习 ·· 31

第 3 章　Google Earth 高级功能 ·· 36

3.1　地标操作 ·· 36

3.1.1　使用地标 ··· 36

3.1.2　分享地标 ··· 38

3.1.3　漫游地标 ··· 40

3.1.4　编辑地标和目录 ·· 40

3.2　地图叠加 ·· 45

3.2.1　覆盖图的数据来源 ·· 46

3.2.2　创建覆盖图 ··· 46

3.2.3　创建 WMS 覆盖图 ·· 49

3.2.4　打开和浏览覆盖图 ·· 49

3.3　模拟飞行 ·· 49

3.3.1　调用和退出 ··· 49

3.3.2　操纵飞行器 ··· 50

3.4　电影制作 ·· 51

3.4.1　影片质量 ··· 52

3.4.2　增加 3D 视图的清晰度 ·· 52

3.4.3　调节漫游的速度 ·· 52

3.4.4　隐藏或显示 3D 视窗中的显示项 ································ 52

3.4.5　开始录制 ··· 52

3.5　数据导入/导出 ·· 53

3.5.1　导入数据 ··· 53

3.5.2　导出数据 ··· 55

3.6　实例与练习 ·· 57

第 4 章　Google Earth 应用案例 ·· 61

4.1　我的家乡 ·· 61

4.1.1　背景 ··· 61

4.1.2　目的 ··· 61

4.1.3　要求 ··· 61

4.1.4　数据 ··· 61

　　　　4.1.5　操作步骤 ··· 61
　　4.2　三维校园 ··· 65
　　　　4.2.1　背景 ··· 65
　　　　4.2.2　目的 ··· 65
　　　　4.2.3　要求 ··· 66
　　　　4.2.4　数据 ··· 66
　　　　4.2.5　操作步骤 ··· 66

第5章　MapInfo概述 ··· 72
　　5.1　MapInfo Professional 简介 ··· 72
　　5.2　MapInfo Professional 软件界面 ····································· 72
　　　　5.2.1　桌面组成 ··· 72
　　　　5.2.3　主要窗口 ··· 76
　　　　5.2.3　工具栏 ··· 78
　　5.3　MapInfo Professional 数据组织 ····································· 84
　　　　5.3.1　地图文件管理 ··· 84
　　　　5.3.2　图层和对象 ··· 88
　　　　5.3.3　工作空间 ··· 90
　　5.4　实例与练习 ··· 92

第6章　地图数据编辑 ··· 95
　　6.1　配准栅格图像 ··· 95
　　6.2　绘制矢量地图 ··· 97
　　　　6.2.1　绘图工具 ··· 97
　　　　6.2.2　绘制对象 ··· 98
　　6.3　编辑对象 ··· 102
　　　　6.3.1　设置和清除目标 ·· 102
　　　　6.3.2　合并和分解对象 ·· 102
　　　　6.3.3　分割对象 ·· 103
　　　　6.3.4　擦除对象 ·· 104
　　　　6.3.5　叠压节点 ·· 105
　　6.4　检查数据质量 ·· 106
　　　　6.4.1　区域检查 ·· 106
　　　　6.4.2　排除图层内异类 ·· 109
　　　　6.4.3　排除图层间重叠 ·· 110
　　6.5　实例与练习 ·· 111

第7章　属性表编辑 ·· 115
　　7.1　更新列 ·· 115
　　7.2　添加行 ·· 120
　　7.3　表联接 ·· 120
　　7.4　紧缩表 ·· 125

　7.5　实例与练习 ·· 126

第8章　数据查询与数据统计 ·· 129

　8.1　选择查询 ·· 129

　8.2　SQL 查询 ·· 129

　　8.2.1　SQL 查询操作过程 ·· 129

　　8.2.2　【SQL Select】窗口 ·· 130

　8.3　数据统计 ·· 146

　8.4　实例与练习 ·· 147

第9章　地图制作与输出 ·· 151

　9.1　创建专题地图 ··· 151

　9.2　地图辅助要素 ··· 154

　　9.2.1　图例 ··· 154

　　9.2.2　比例尺 ·· 155

　　9.2.3　指北针 ·· 157

　9.3　地图布局 ·· 157

　9.4　地图输出 ·· 161

　　9.4.1　图像输出 ··· 161

　　9.4.2　打印输出 ··· 161

　9.5　实例与练习 ·· 162

主要参考文献 ·· 165

第 1 章　初识 Google Earth

1.1　Google Earth 概述

1.1.1　Google Earth 简介

Google Earth 软件（以下简称 Google Earth）是一套以 3D 形式展现地表全貌的地图软件，它把航拍照片、卫星影像和 GIS 数据整合在一起，使用户足不出户就能"游览"世界各地，观看卫星影像、地图、地形图与 3D 建筑物，甚至可以探索星空星系，浏览丰富的地理内容，存储分享游览过程。

Google Earth 的基础技术来自于 Keyhole（钥匙孔）公司的旗舰软件 Keyhole（原名 Earth Viewer）。Keyhole 成立于 2001 年，总部位于美国加利福尼亚州山景城，专业从事卫星图像服务数字地图测绘等业务，它提供的 Keyhole 软件与影像资料库允许网络用户浏览卫星影像和航空照片。2004 年 10 月 27 日，Google 公司宣布收购 Keyhole 公司，并于 2005 年 6 月推出 Google Earth 系列软件。整体来说，Google Earth 和以前的 Keyhole 并没有太大的差别，影像数据、功能等都差不多，只是界面作了调整。与 Keyhole 公司的运营思路不同的是，Google 公司将最基本版本的 Google Earth 定义为免费软件，而相应的 Keyhole 软件只允许试用 7 天。图 1.1 是 Google Earth 与 Keyhole 主界面的对比。

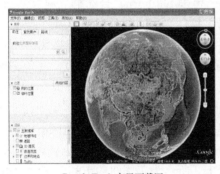 

Google Earth 主界面截图　　　　　　　　　Keyhole 主界面截图

图 1.1　Google Earth 与 Keyhole 主界面对比

Google Earth 的个人版一共有三个版本。早期，Google 公司将最低版本定为免费软件，也就是我们平时可以自由下载的版本，Google Earth Plus 版、Google Earth Pro 专业版必须支付一定的费用才可以获得使用授权，但自 2015 年起，上述版本均已完全免费。这几个版本的区别是 Plus 版、Pro 版增加了一些譬如绘制线条/多边形、GPS 导航、统计等功能，但它们的全球的地貌影像与 3D 数据基本都是一样的，并不存在 Plus 版、Pro 版的图像质量更好的说法。一般情况下，Google Earth 基础版就已经可以满足初学者或普通应用的需求。表 1.1 所示是 Google Earth 基础版与 Pro 专业版的具体差异。

表 1.1　Google Earth 版本差异一览表

项目	基础版	专业版
价格	免费	免费
搜索位置	√	√
路线导航	√	√
基本绘图	√	√
地标管理	√	√
地图覆盖	√	√
数据导入	×	√
电子邮件客户服务	×	√
兼容 GPS（全球定位系统）	×	√
添加注释	×	√
面积测量	×	√
录制电影	×	√
影像分辨率（打印/保存）	1000 像素	4800 像素

1.1.2　Google Earth 数据来源

Google Earth 的影像数据，通常是卫星影像与航拍的数据整合。其卫星影像部分来自于美国 Digital Globe 公司的 QuickBird（快鸟）商业卫星与美国 Earth Sat 公司的 LANDSAT-7 卫星影像；航拍部分的来源为英国 Blue Sky、美国 Sanborn、台湾群立科技等公司与各国航空摄影单位的航空照片。由于数据来源不同，并具有不同的分辨率，因此地球上的某些地区，甚至连街道都可以很清楚地看到，而另一些地区即使从远处看也很模糊。Google Earth 上全球地貌影像的有效分辨率至少为 100m，通常为 30m（如中国内地），视角高度为 15km 左右，但针对大城市、著名风景区、建筑物区域会提供分辨率为 1m 和 0.6m 左右的高精度影像，视角高度分别约为 500m 和 350m。目前提供高精度影像的城市多集中在北美和欧洲，其他地区往往只有首都或极其重要的城市才提供。中国高精度影像的地区有：北京、上海、香港（位于周边的深圳也有影像显示）、澳门（位于周边的珠海和斗门也有影像显示）、四川潼川、黑龙江大庆与宫棚子、新疆库尔勒。图 1.2 所示为美国纽约市和中国滁州市部分影像对比。需要注意的是，当使用 Google Earth 时，所看到的并不是实时图像。

Google Earth 所提供的有关美国、加拿大和英国的数据可以具体到街道级别，这意味着可以拉近镜头以便查看街道名称和当地企业，并获得各个地点之间的交通路线。数据库还含有大量关于西欧的信息，不过世界其他地区则不一定。尽管可以拉近镜头并清楚地看到埃及金字塔，但却看不到该区域中的街道名称或杂货店。

Google Earth 令人着迷的部分原因在于它与 Google 搜索的协作。当查看某座城市时，还可以搜索附近地区的咖啡店、饭店、超市、酒吧和其他许多店铺，并可以单击它们从 Google 搜索引擎获得更详细的信息。

美国纽约市部分影像　　　　　　　　　中国滁州市部分影像

图 1.2　美国纽约市和中国滁州市部分影像

1.1.3　Google Earth 能做什么

1. 寻找你的家乡、学校或者地球上的任意地点

单击【搜索】面板中【前往】标签，在输入框中输入地址，然后单击【搜索】按钮，Google Earth 就会列出匹配的搜索结果，双击其中的某条结果，Google Earth 就会"飞"到该位置。

2. 录制旅程

打开游览功能，按下录制按钮，就可以看到整个世界，还可以添加背景音乐或画外音，使旅程更具个性。

3. 巡游世界

如果周游世界对你来说是个很大的难题，那么 Google Earth 可以成为你最好的朋友。您只需单击"观光"框中的某个地点，就可以近距离观看世界各大标志性景点。"观光"框中列出了最受欢迎的景点，包括巴黎埃菲尔铁塔、亚利桑那大峡谷、罗马梵蒂冈城等。

4. 查看历史影像

通过该功能可以查看同一区域的历史影像，带你回到过去，在不同时间点上查看发生了哪些变化，如城郊扩建、冰盖消融、海岸侵蚀等变迁。

单击【视图】→【历史图片】，或单击工具条上的【历史图片】按钮，调整时间轴就可以浏览不同时间的图像。

5. 海洋探索

通过该功能，可以一直沉入海底，查看来自 BBC 和"国家地理"等合作伙伴的独家内容，包括巴哈马群岛、红海和大堡礁海域等潜水胜地，可以看到水下世界的 3D 图像，还可以浏览有关海洋科学的文章和视频，甚至可以探究泰坦尼克号等沉船的 3D 残骸影像。执行此操作，只需在【图层】面板中勾选【海洋】。还可以隐藏或显示海洋表面，要执行此操作，请单击【视图】→【水面】。

6. Google Earth 星空

除了可以浏览地球之外，Google Earth 还允许探索神秘的星空，包括众多的恒星、星座、星系、行星。要浏览这些平时难以接触的目标，只要选择菜单【视图】→【探索】，或者单击工具栏上的切换按钮，眼前的地球稍后就会变成浩瀚无际的宇宙星空。

值得注意的是，当切换到星空模式时，呈现在眼前的视图可能不是每次都一样，因为切换到星空模式后的视图，是以地球当前位置的上方为基准。当退出星空模式时，Google Earth 会返回到切换前地球上的位置。例如，切换前地球上的当前位置是滁州，那么切换后的视图将是滁州的夜空。当退出星空模式后，Google Earth 会返回到滁州位置。

另外，Google Earth 还可以探索火星和月球，要观看火星或者月球的图像和地形，可在工具的右上角选择【火星】或者【月球】。要返回地球视图，选择【地球】即可。

7. 显示太阳

可以显示阳光对当前视图的影响，通过时间轴甚至可以控制太阳在 24h 内的位置，从而显示出在不同的阳光强度和照射方向下，同一区域不同的景观。若需要"显示/隐藏太阳"，请执行下列步骤：

（1）单击工具栏上的太阳图标或选择菜单【视图】→【太阳】，完成此动作后会出现时间轴，并且 3D 视图会有所变化。

（2）时间轴的默认时刻是当前的 UTC 时间，可以拖动时间轴上的滑块查看一天内不同时刻的太阳位置，以及对当前视图的影响。

（3）依据当前位置在一年中的不同时节，甚至可以看到日落和日出的效果。

（4）若要隐藏太阳，请再次单击太阳图标。

在使用该功能时，若开启【气象】→【云层】图层，显示效果会更好。

1.2　Google Earth 安装

1.2.1　系统要求

为保证 Google Earth 流畅运行，系统最低要求与推荐配置如表 1.2 所示。请确保系统正确配置了 OpenGL 驱动程序。如果 Google Earth 出现运行很慢和不响应的迹象，这可能是因为系统需要其他视频驱动程序。

表 1.2　系统要求

名称	最低要求	推荐配置
操作系统	Windows 2000/XP	Windows XP/Vista
处理器	Pentium3，500MHz	Pentium4，2.4GHz＋或 AMD2400xp＋
内存	512MB	1GB 以上
磁盘	400MB 可用空间	2GB 可用空间
网速	128kB/s	768kB/s
显卡	支持 3D，16MB 的 VRAM	支持 3D，32MB 的 VRAM
屏幕	1024×768，"16 位高彩色"屏幕	1024×768，"32 位高彩色"屏幕
其他	DirectX 9（在 DirectX 模式下运行）	

1.2.2　安装过程

访问 Google Earth 中文主页 http://earth.google.com/intl/zh-CN/，单击右上角蓝色按钮，在弹出网页中选择"同意协议并下载"，下载 Google Earth 免费版。如图 1.3 所示。

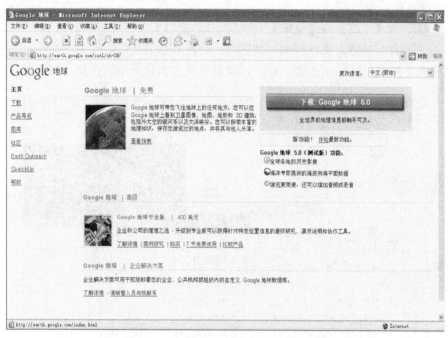

图 1.3　Google Earth 中文主页下载界面

运行 Google 更新器自动下载 Google Earth 安装文件并进行安装，安装完成后单击运行启动 Google Earth。启动界面如图 1.4 所示。

图 1.4　Google Earth 启动界面

1.2.3　参数设置

1. 切换语言

一般情况下安装完毕后即为中文版。如果需要更改 Google Earth 的显示语言，请参考图 1.5。具体操作过程如下：

（1）选择菜单【工具】→【选项】，然后在弹出窗口上选择【常规】标签。

（2）在"语言"区域，选择所期望的语言。初次安装后，Google Earth 会自动选择和当前计算机操作系统相同的显示语言，如果系统所采用的语言尚未被支持，则会默认为英语。

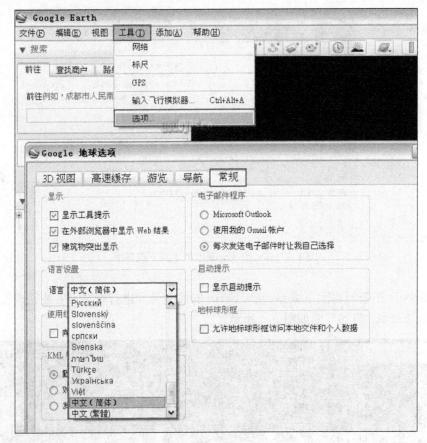

图 1.5　语言设置

2. 选择服务器

本操作仅适用于 Google Earth Pro（专业版）和 EC（企业版）用户。当第一次启动 Google Earth 企业版时，会弹出一个【选择服务器】的对话框，它可以让读者选择一个合适的数据库服务器来使用，这个对话框包含如下设置。

选择服务器：选择或输入一个合适的服务器地址。

端口：输入被选服务器的开放端口。

自动登录服务器：选择该复选框后，以后每次启动 Google Earth 都会自动登录服务器，

"选择服务器"的窗口将不会再出现。如果希望启动时出现，可单击菜单【文件】→【取消自动登录】。

安全模式登录：如果你的工作要求采用安全方式登录服务器，可选择该复选框；若希望为 Google Earth 添加一个数据库服务器，可单击菜单【文件】→【添加数据库】；若希望退出当前服务器，可单击【文件】→【退出服务器】；若希望登录服务器，可单击【文件】→【登录服务器】，并且按照本节开始的说明进行适当的设置。

当添加一个数据库服务器后，Google Earth 并不会断开当前的服务器连接，这时候浏览的数据将同时来自两个数据库，利用这种方式最多可以从 8 个数据库同步获取卫星数据。

3. 设置启动时默认位置

可以设定每次启动 Google Earth 时的默认显示位置。操作过程为浏览到适当的位置和角度，单击【视图】→【将此处设为我的出发位置】即可。

1.3　Google Earth 工作界面

Google Earth 工作界面主要分四个区：主界面区、搜索定位区、位置信息区、图层信息区。如图 1.6 所示。

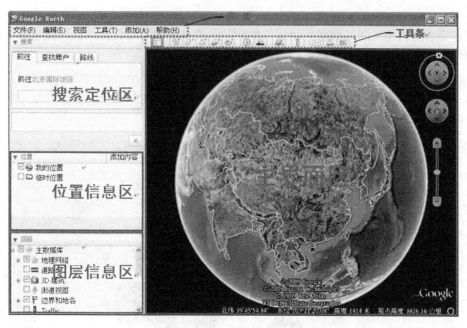

图 1.6　Google Earth 工作界面

1.3.1　主界面区

如图 1.7 所示，右上矩形框内的是 Google Earth 提供的实用地图方向控制工具，可以通过鼠标的拖动动作对当前地图的 360°方向、俯仰角度、地图详细度作自由的控制。

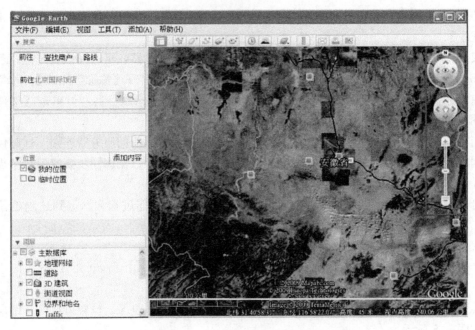

图 1.7　Google Earth 主界面区

　　底部矩形框内是地图的数据显示区，依次显示的是鼠标所处位置的经纬度坐标、海拔高度、网络图像的传输进度、从高空俯瞰地图的距离。

　　鼠标在地图区域时呈现手形，可以通过对地图的拖动，迅速查找自己想要的位置。当鼠标单击在某些有特色的建筑上时，如图 1.8 中所示的矩形框内的滁州学院体育馆，会链接出该地点的相关资料。

图 1.8　主界面区操作

1.3.2　搜索定位区

图 1.9 所示矩形框是用来输入要查询的目的地的，如要查询滁州就输入"Chuzhou"。从 Google Earth 5.0 版本开始，支持中文名搜索，也可以输入"滁州"。

在搜索栏里还能直接输入经纬度坐标，如 32°18′04.67″S，118°18′17.87″E。

浏览过的地点会自动进入下方的条目栏。

图 1.9　搜索定位区操作

1.3.3　位置信息区

图 1.10 所示矩形框部分类似收藏夹，可以把搜索到的某个地方保存下来，下次直接单击，Google Earth 就会"飞"到那个地方。

保存确定地点后，单击 Google Earth 正上方的黄色地标按钮 ，按提示命名，保存在特定路径下，如"我的位置"。图 1.10 是双击矩形框中"我的位置"里的"滁州"后"飞"过去后的效果。

1.3.4　图层信息区

图 1.11 所示左下矩形框部分，是控制 Google Earth 显示什么信息的各种选项，即图层控制。例如，可以选择让它显示超市、旅游景点，天气状况等。如选定图层中【图片库】→【火山】，主界面区则会显示相关地区火山分布状况（主界面矩形框里的是火山地点）。

1.3.5　常用工具条

常用工具条如表 1.3 所示。

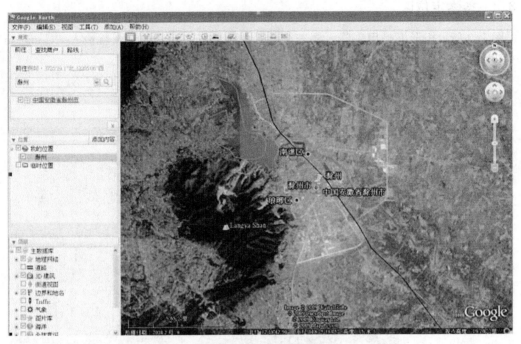

图 1.10　位置信息区操作

图 1.11　图层信息区操作

表 1.3　常用工具条

图标	名称	说明
	隐藏侧栏	隐藏或显示侧栏（搜索、位置和层面板）
	添加地标	添加位置的地标
	添加多边形	添加多边形
	添加路径	添加路径（一条或多条）
	添加图像叠加	在 Google Earth 上添加图像叠加层
	录制游览	记录游览历程
	显示历史影像	浏览不同时期的影像
	太阳光照	在景观中显示光照
	星空	查看恒星、星座、星系、行星和月球
	显示标尺	测量距离或面积大小
	电子邮件	通过电子邮件发送视图或图像
	打印	打印地球的当前视图
	在 Google 地图中显示	在 Google 地图中显示当前视图

1.4　获取支持

1.4.1　Google 相关服务网站

- http://earth.google.com
- http://maps.google.com/
- http://www.google.com/sky/
- http://www.google.com/mars/
- http://www.godeyes.cn/

1.4.2　资源链接

- Google 的发展历史：http://www.timeku.com/view_timeline.php? tid=1
- Google Earth 爱好者网站：http://www.guger.net/
- Google for Educators：http://www.google.com/educators/index.html
- Google Earth Lessons：http://gelessons.com/
- Google Earth 专题：http://www.godeyes.cn/ge_new.asp
- Google Earth 快捷键大全：http://tools.yesky.com/293/3366793.shtml
- Google Earth 地标下载：
  自然景观类 http://soft.yesky.com/lianluo/78/2052078.shtml

科技文教类 http://soft. yesky. com/lianluo/79/2052079. shtml
交通工程类 http://soft. yesky. com/lianluo/82/2052082. shtml
城市景观类 http://soft. yesky. com/lianluo/81/2052081. shtml
体育场馆类 http://soft. yesky. com/lianluo/83/2052083. shtml
娱乐设施类 http://soft. yesky. com/lianluo/84/2052084. shtml

- Google Earth KML 中文说明（一）：http://gisman. bokee. com/5294713. html
- Google Earth KML 中文说明（二）：http://gisman. bokee. com/5294722. html
- Google Earth 中文论坛：http://www. guger. net/bbs/

1.5 实例与练习

练习：奥运场馆游览

说起水立方、鸟巢，相信大家早已耳熟能详，作为主体育场的鸟巢，也得到了"最高级别"的保护。要想亲身领略场馆的风采，对于大多数读者朋友来说，很多时候也不是特别方便。然而借助 Google Earth 推出的 3D 模型，可以随时随地一睹它们的魅力。

1. 定位鸟巢

要想一睹鸟巢的风采，第一步就是定位。可以通过景点名称搜索，也可以在"半空中"通过漫游有目的地进行游览。但最快捷的一个方法，还是直接输入目的地的经纬度坐标。具体方法是，首先打开 Google Earth，将鸟巢的经纬度坐标"116.3895034790039°E，39.99146514227112°N"输入"前往"选框，回车即可。

2. 启动 3D 模型

找到了鸟巢，下一步就要勾选【图层】下面的【3D 建筑】复选框，开启 3D 模型。当然，这里的操作也是所见即所得，单击后便能看到效果，如图 1.12 所示。

图 1.12　Google Earth 中的"鸟巢"

3. 调整视角

虽然模型已经打开，但显然与期望的效果相差太远。接下来需要利用右上角的视图微调按钮，调整当前视角，直到看到鸟巢的全貌为止。

除了外观场景，鸟巢的内部设施也已基本齐备。可以看到赛道、看台，还有顶部的大屏幕。所有的一切，都与真实赛场完全相同。

4. 其他模型截图

除了鸟巢之外，Google Earth 还提供了水立方、天安门、国家大剧院、人民英雄纪念碑等一系列地标性建筑的 3D 模型，可以通过导航面板操作逐一浏览。图 1.13 是奥运场馆水立方和奥体中心的 3D 视图。

水立方　　　　　　　　　　　　　　　　　奥体中心

图 1.13　奥运场馆其他模型

第 2 章　Google Earth 基本功能

2.1　基本地图功能

2.1.1　设置 3D 视图

Google Earth 提供了很多针对 3D 视图的设置，通过这些设置可以订制 3D 视图的样式。本节将主要介绍这些设置。

1. 显示网格

要显示或隐藏带有坐标信息的网格，可以选择菜单【视图】→【网格】，或者使用快捷键 Ctrl＋L，网格会以白色线条覆盖整个 3D 视图，坐标信息同时显示在中间，可以利用这些坐标信息大致确认一个地方的地理坐标。当放大视图时，坐标的精细度也会越来越高。

2. 全屏模式

若要将 3D 视图切换到全屏模式浏览，可以选择菜单【视图】→【全屏】，或者使用快捷键 F11，全屏模式下的视图会放大。

3. 自定义视图尺寸

利用【视图】菜单下的【视图尺寸】功能，可以自定义 3D 视图的显示尺寸。该功能通常适用于打印、投影或者录制影片，因为这几种需求往往对视图的显示比例有特殊要求。

4. 总览图

选择菜单【视图】→【总览图】，或者使用快捷键 Ctrl＋M，可以显示或隐藏总览图窗口。总览图通常显示在 3D 视图的左上方，并用十字形指针指示出当前 3D 视图正在浏览的位置。利用总览图功能，可以进行如下操作。

确定 3D 视图当前的大概位置：比如从 Google Earth 社区获得了一个 KMZ 文件，打开后 3D 视图定位到了一个很陌生的位置，这时便可以利用总览图了解当前的大概位置。

迅速为 3D 视图定位：有时候在总览图里更能分清楚世界各地的相对位置，这时便可利用这个特性来迅速定位 3D 视图。双击总览图上的任一位置，3D 视图也会跟着定位到双击的位置。

2.1.2　游览地球

可以用多种方法浏览地球及地形，如鼠标操作、导航面板操作或键盘控制，以及倾斜的方式从不同侧面来查看 3D 地形。当然，任何时候都可以恢复到上北下南、垂直俯视的视角。

1. 鼠标操作

若希望使用鼠标来操作，可尝试把鼠标移到主界面 3D 视图区域，然后按住一个鼠标键（左、中、右键都试一下）开始移动，看看主界面 3D 视图会发生什么样的变化。下面将详述如何用鼠标完成的所有操作。

1）移动视图

将鼠标移至 3D 视图区域，当鼠标图标变成张开的手掌时，按下鼠标左键不要松开，当鼠标图标变成了握紧的手掌时开始移动鼠标，这时候视图也会跟着移动。可以将这只握紧的手想象成实际放在地球上的手，然后拉动地球到您想要查看的地方。

2）漂浮地球

类似于上述移动视图的方法，按住鼠标左键短暂地向任意方向快速地拖动一次，然后松开，就像把地球"扔出去"一样，地球则会不停地转动起来。若希望停止转动，单击视图的任意位置即可。

3）缩放视图

使用鼠标来缩放视图的方式有若干种，下面逐一介绍。

使用鼠标左键：选择视图中的任意点，双击鼠标左键，开始放大，双击右键则缩小，单击停止缩放，再次双击则会放得更大或缩得更小。

使用滚轮：如果您的鼠标有滚轮，可以利用滚轮来进行缩放。将滚轮向后转动放大，向前转动缩小。若同时按下 Alt 键，可以减小缩放幅度。

使用鼠标右键：选择视图中的任意点，按下鼠标右键，当鼠标图标变成双向箭头时，向后拖动放大，向前拖动则缩小。若迅速短暂地拖动一下，就像把图像"扔出去"一样，会不停地放大或缩小，单击视图停止缩放。

使用手指：在有触摸屏的计算机上，可以用左右手的各一个手指，同时指到一个地方，然后同时向侧下方移动放大视图，同时向侧上方移动缩小视图。

4）倾斜视图

按住鼠标中键或滚轮，前后移动鼠标，可倾斜当前的 3D 视图。按住 Shift 键，同时转动滚轮，也可达到同样的效果。

5）旋转视图

和上述倾斜视图的功能类似，按住鼠标中键或滚轮，左右移动鼠标，可旋转 3D 视图，旋转的方向与鼠标移动方向相同。若按住 Ctrl 键，同时转动滚轮，也可达到同样的效果。

6）设置鼠标滚轮

单击【工具】→【选项】→【导航】→【鼠标滚轮】，移动滑块来设置用滚轮来调节视图的速度。若勾选了【反转鼠标滚轮缩放方向】，会使滚轮的调节方向相反。

2. 导航面板操作

若要使用导航面板操作，将鼠标移至主界面 3D 视窗的右上角，默认情况下导航面板就会出现。若没有出现，单击菜单【视图】→【显示导航栏】→【自动】，将导航面板设置成随鼠标位置自动隐藏和显示。

利用导航面板同样可以移动、缩放、旋转、倾斜 3D 视图，表 2.1 说明了 Google Earth 导航面板控制项的使用方式。

3. 用倾斜视角来查看山丘地形

通常第一次启动 Google Earth 时，默认的视角是从上而下垂直俯视，感觉像是从飞机上向下看一样。

表 2.1　Google Earth 导航面板

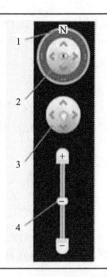	1. 指北针：单击并拖动 ![N] 图标可旋转视图，单击 ![N] 图标，恢复到上北下南的检视状态
	2. 查看周边：单击四个方向键之一，可以看到周边视图，相当于人站在某点转头看周围景观一样
	3. 平移控制：单击四个方向键之一，将使视图向单击的那个方向平移
	4. 缩放滑块：拖动滑杆缩放视图，也可以双击图标将视图放到最大或缩到最小

1）从 0°～90°来观察地形

可以用鼠标或导航面板来控制 3D 视图的倾斜角度，从不同的角度来观察正在浏览的区域。最大倾斜角度可达 90°，相当于和被观察区域在同一个水平面上。

2）使用地形

当观察地球上任意一处山丘时，使用倾斜的功能会非常有趣，只要选择【图层】面板下的【地形】即可。

3）旋转视图从各个方向观察

当倾斜检视一个如山丘这样的目标时，可以转动视图，围绕这个目标从东、南、西、北各个方向来观察目标。

4）使用鼠标中键或滚轮进行更流畅的操作

可以使用鼠标中键或滚轮来使视图倾斜、旋转等。

图 2.1 是同一山丘在垂直和水平两种不同检视状态下的不同效果。

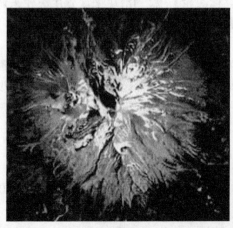

垂直检视　　　　　　　　　　　　　　　　水平检视

图 2.1　同一山丘在垂直和水平两种不同检视状态下的不同效果

如果希望地形的高低差异显示得更明显，可以调节地形外观。方法如下：选择菜单【工具】→【选项】→【3D 视图】，调节【地形质量】数值，可以将这个值设为 0.5～3 的任何一个数字，包括小数值。比较适中的值是 1.5，这个值下的显示效果比较接近实际外观。

4. 恢复默认显示方式

当倾斜或旋转了 3D 视图后，可以随时恢复视图到上北下南、垂直俯视的状态。常见方法如下：

（1）单击指北针图标，恢复到上北下南。

（2）单击倾斜滑杆左侧的按钮，恢复到垂直俯视。

（3）先单击一下 3D 视窗，然后按下键盘上的"R"键，将同时恢复上述两项。

2.2　本 地 搜 索

2.2.1　基本查询

如图 2.2 所示，可以使用【搜索】→【前往】标签下的功能来搜索一个特定位置，并在搜索框中输入欲搜寻目标（如地名、地址与坐标等），单击搜索按钮，视图即会移动至搜寻结果。同时，所设的内容和地点搜索字词会被保存在输入框历史记录中（用搜索输入框右侧的黑色小三角形表示）。当退出 Google Earth 时，最后十项搜索条目将保存到下次会话。此位置搜索历史记录独立于前往搜索面板的位置搜索历史记录。

图 2.2　基本查询

搜索面板的每个选项卡都会显示一个搜索字词的示例。Google Earth 可以识别多种类型的搜索字词，在输入时可有选择地使用逗号。表 2.2 为搜索条件可提供的类型、规范及示例。其中，使用坐标搜索时，除在搜索列中输入经纬度坐标外，还可利用括号配合说明该位置对应的名称。例如，当输入"32.18°，118.18°（滁州）"时，主界面 3D 视图即会缩放至该位置，并以"滁州"标记该点位名称，否则仅会以经纬度位置进行标记。

表 2.2　Google Earth 搜索条件类型及示例

搜索条件类型	示例
省/自治区/直辖市，城市	安徽，滁州
国家/地区，城市	中国安徽
省/自治区/直辖市，城市，街道，门牌号	滁州市丰乐南路 80 号
邮政编码	239000
纬度和经度（小数格式）	32.18°，118.18°
纬度和经度（DMS 格式）	32°18′04.67″N，118°18′17.87″W 或 32 18 04.67 N，118 18 17.87W

注：1. 当想要寻找某城市中特定街道时，可以只输入街道名称，搜索引擎将会显示与该街道内容相符的前 10 个结果。

　　2. 坐标搜索条件必须以纬度在前、经度在后的顺序输入。

目前，精确到街道级别的搜索服务仅限于部分国家或地区；另外，部分地址格式目前还不能被 Google Earth 识别，这包括多数国家的小城市、单独的州名或省名。

2.2.2　高级查询

Google Earth 同时提供用户在世界范围内寻找公司或商业网点服务。操作方式类似于查找地名和位置，只要在搜索框中输入想搜索的某地区商家目录（如餐厅、超市等），然后按下  按钮即可。例如，输入"手机维修"，单击搜索按钮，在当前视图中会显示前 10 条与之匹配的商家列表，如果搜索结果超过 10 条，则会分页显示。如果想查找某一特定城市里的商业服务，可以在【地点】框中输入城市名称和城市所在的省份名称，再单击搜索按钮，这样 Google Earth 就会在输入的城市里查找你想要的商业服务。

另外，【查找商户】的搜索方式是搜索当前视图中间位置或者【地点】框中输入地址周边的商户，所以假如在你晚餐时，忽然希望查找餐厅附近的电影院，那么可以在【内容】框中输入电影院名称，再在【地点】框中输入餐厅的地址进行搜索。

除了上述方法之外，可以使用以下几种方法进行搜索，以提高搜索效率与准确性。

1）精确名称

如果确切知道某商家的名称，则可以直接输入名称进行查找，如"中邮通信手机维修"，这样搜索结果也会更精确。如果不是连锁店，往往一次就能准确找到想要找的商家。

2）部分名称

如果仅知道商家名称的一部分，可以采用这种方法查找，如"中邮通信"。这样搜索出来的结果往往会很多，不够精确，很多名称包含"中邮通信"的商家都出现在搜索结果里，很难一次找到想要找的商家。

3）关键字

如果不需要找特定的商家，而是想查找提供某种服务或销售某种商品的所有商家，可以采用此方式。这种方式搜索出来的结果标题中未必包含你输入的关键字，但在描述或商家提供的服务清单里可能会有。例如，输入"手机维修"，返回的结果里可能会包含"手机"或者"维修"或者其他和"手机维修"有关的商家，如图 2.3 所示。

图 2.3　搜索功能选单——查找商户

2.3　线 路 导 航

2.3.1　获取路线

可以利用 Google Earth 获取并打印连接起点和终点的行车路线，如图 2.4 所示。

1. 获取路线

鼠标左键单击主界面 3D 视图区域的地标，在弹出的地标介绍窗口中选择【从此处出发】或【到此处】。或者右键单击搜索结果列表或地标列表，在弹出菜单上选择【从此处出

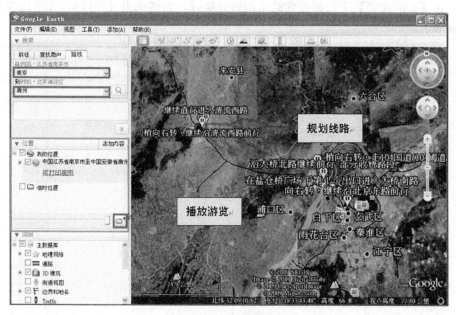

图 2.4　获取线路

发】或【到此处】。这两种方法都会使【搜索】面板自动跳转到【路线】标签下，并在对应的输入框中自动填入所选择的地址。再在另一框中输入适当的地址，单击搜索按钮，相应的行车路线就会出现在搜索结果列表中。

　　上述方法会自动填入起点或终点地址，也可以手动输入起点和终点地址，然后再单击搜索按钮。

　　通过上述两种方法，如果 Google Earth 能搜索到合适的行车路线，则会在 3D 视图上用一条线显示出来。

　　2. 删除搜索结果

　　若对部分搜索结果不满意，可以将它们删除。方法是逐条右击这些结果，然后在弹出菜单中选择【删除】。若对所有结果都不满意，要一次性将它们全部清除，有两种简单的方法：一是右击搜索结果目录，选择【删除内容】；二是单击【搜索】面板下方的清除按钮。

　　3. 保存路线

　　如果 Google Earth 找到了两点之间的路线，就会将其显示在【搜索】面板的列表里，并可以将其保存到【位置】的【我的位置】目录下。操作如下：在搜索结果里找到希望保存的路线，单击鼠标右键，在弹出菜单上选择【保存到"我的位置"】。保存后，下次运行 Google Earth 时可以在【我的位置】目录下找到，并且可对其进行编辑、游览、打印等。

2.3.2　编辑路线

　　1. 路线编辑

　　如果对搜索产生的路线样式不满意、或者发现路线的行车过程存在偏差，可以实时地对路线进行编辑修整。具体操作步骤如下：

（1）在【我的位置】下找到搜索结果路线并展开，右键单击【路线】，打开属性对话框，如图 2.5 所示。

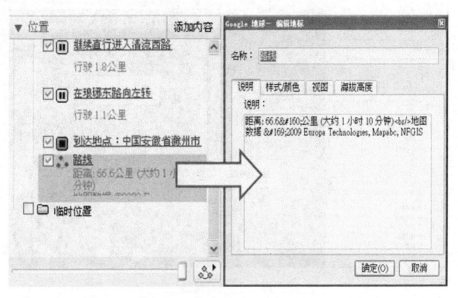

图 2.5　路线编辑——属性对话框

（2）打开属性对话框的同时，所选路线的节点编辑被激活，移动鼠标到要修改的节点位置，待鼠标指针变为白色十字框时，移动节点。如图 2.6 白色圆圈部分所示。

图 2.6　路线编辑——修改路线

（3）修改线型：在属性对话框中选择【样式/颜色】标签，可修改路线的颜色、宽度及透明度等。如图 2.7 所示。

图 2.7　路线编辑——修改线型

2. 使用兴趣点

如果游览路线过程中发现一些感兴趣，或者有特殊意义的位置，可按以下步骤把它们保存至当前路线。如图 2.8 所示。

图 2.8　使用兴趣点

1）查找视图中的兴趣点

调整视图显示你想查找的整个区域。例如，想查找当前路线中你家的位置，那么就先调整视图，显示出你家大概的位置（可以使用缩放功能、移动视图功能）。

2）保存或复制兴趣点到【我的位置】

可以右键单击兴趣点，在弹出菜单中选择【保存到"我的位置"】来保存兴趣点；或者右键单击兴趣点，选【复制】，再右键单击【我的位置】目录中的目标目录，选【粘贴】。

3）调整兴趣点的显示

如果在浏览地球时，选择了较多的图层，那么 Google Earth 很可能需要在一小块区域中显示多个兴趣点，重叠在一起，极不方便查看，此时可以通过以下两种简单的方式调整它们的显示。

放大视图：尽量靠近感兴趣的区域，来看看是否会显示你感兴趣的兴趣点图标。注意，并非所有图标都可以从高空中看到，许多图标（如道路）只有在一定的海拔范围内才会显示。另外，放大到较低的高度，也会减小发生图标重叠的概率。

调整图标大小：选择菜单【工具】→【选项】，在【3D 视图】标签下，更改【标签/图标尺寸】区域的值（小、中、大三种）。

2.3.3　游览路线

可以创建和播放游览。游览是一种向导式的体验，通过它可从一个地点飞往另一个地点、查看地形以及观看所期望的内容。可以通过创建游览，精确记录你在 3D 窗口中的浏览路线，甚至可以添加音频，继而与其他 Google Earth 用户共享这些游览。

1. 播放游览

要播放游览，只需在【位置】面板中双击线路。如果只想播放【我的位置】中项目的游览，在【位置】面板中选择相应的文件夹并单击【播放文件夹游览】按钮。要播放线路（路径）的游览，在【位置】面板中选择相应的线路并单击【播放线路游览】按钮 □'。如图 2.9 所示。

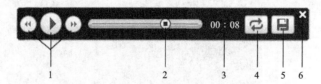

图 2.9　播放游览控制面板
1. 回退、暂停/播放和快进按钮；2. 航线滑块；3. 游览中的当前时间；
4. "重复"按钮；5. "保存"按钮；6. "关闭"按钮

游览将在 3D 视图中开始播放，并且游览控件将显示在 3D 视图的左下角。暂停或继续游览，单击【暂停/播放】按钮。对游览进行快进或快退，单击箭头按钮（反复按这些键可快退或快进）。反复重播游览，单击【重复】按钮。使用航线滑块可移动到该游览的任意部分。

如果游览处于不活动状态达到一段时间，这些控件将消失，此时可以通过将光标移动到 3D 窗口左下角重现这些控件。

在播放游览时，可以拖动视图进行全景观看。请注意这有别于浏览，因为只能从该线路的视点全景观看。暂停游览时，可以随处浏览。当再次单击播放按钮时，游览将从暂停处继续播放。

2. 录制游览

要录制游览，单击工具栏中的【录制游览】或单击【视图】→【游览】。录制游览控件显示在 3D 窗口的左下角。开始和结束记录，单击【记录/停止】按钮。向游览添加音频，单击【音频】按钮。结束录制游览时，它将出现在【位置】面板中，此时可以播放该游览，或与他人共享。如图 2.10 所示。

图 2.10　录制游览控制面板
1. "记录/停止"按钮；2. "音频"按钮；3. 游览中的当前时间；4. "取消游览记录"按钮

结束记录时，单击【记录/停止】按钮。要保存游览，单击【保存】按钮，游览将会显示在【位置】面板中。

3. 设置游览选项

可以按如下所述控制游览行为。要访问这些设置，单击【工具】→【选项】。如图 2.11 所示。

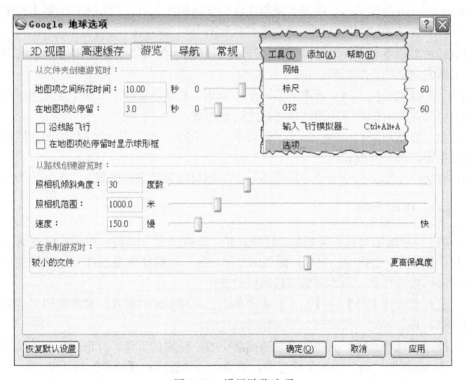

图 2.11　设置游览选项

当从【位置】面板中的文件夹创建游览时，使用以下设置。

（1）地图项之间所用时间。使用此设置可控制查看器转向从文件夹创建的航线的各站的速度。此过程需要将游览设置为高速需要，让高速缓存中包含所有图像，否则地面、道路及地标图像的串流速度会跟不上游览的速度。

（2）在地图项等待。使用此设置可控制期望在游览中每站上的暂停时间。

当创建沿某条线路（路径）的航线时，使用以下设置。

（1）照相机倾斜角度：使用此选项可设置沿某条线路时显示的视角。

（2）照相机范围：使用此选项可决定在游览中显示多大的范围（如 10000m）。

（3）速度：使用此选项可设置游览速度。

当录制游览时，请使用滑块来调整文件大小与游览质量（保真度）之间的平衡。

2.3.4　打印路线

首先确认行车路线已经在 3D 视图上创建，然后选择菜单【文件】→【打印】。在弹出的打印对话框中选择【最近的前进路线】，单击【打印】按钮，弹出另一个打印对话框，进行适当的打印设置，再单击【打印】按钮，Google Earth 就会打印出当前 3D 视图的行车路线。若想移除视图上的路线，只需取消搜索结果列表前对应复选框中的勾选标识。

2.4　距离和面积测量

Google Earth 提供了多个用于测量距离和估算面积的工具，但是不同的版本所能使用的工具不一样，视不同情况可以使用的测量工具如下。

直线：所有版本的 Google Earth 都支持使用直线来测量，直接连接两个点的图形，测量结果是两点之间的直线距离。

曲线：同样也适用于所有版本的 Google Earth，它是连接两个或多个点之间非闭合的图形，测量结果是所有连接点所组成的曲线之间的距离。

多边形：仅适用于 Google Earth Pro 版本，它是连接至少三个点之间的闭合图形，测量结果是该图形的周长和面积。

圆：仅适用于 Google Earth Pro 版本，它的测量结果是该圆的周长、半径以及面积。

2.4.1　基本操作步骤

（1）将 3D 视图定位到想要测量的区域，并确保视图没有倾斜，即垂直俯视的方式，同时最好按一下"U"快捷键，另外还需关闭地形功能，以保证测量的准确性。测量工具仅根据各点的经纬度来计算，而不考虑海拔高度的变化。

（2）选择菜单【工具】→【标尺】或者单击工具栏上的"直尺"状测量图标，弹出"测量"对话框，最好将对话框移动到不会妨碍测量的位置。

（3）视需要选择直线、曲线、多边形或圆中的一种测量工具，并请选择一种度量单位。

（4）在 3D 视图"画"出测量的范围，结果会自动显示在【测量】对话框上。

图 2.12 是直线和曲线不同测量的结果。

2.4.2　修改测量范围

当在 3D 视图里定义了测量范围的几何图形后，可以通过拖动的方式改变它的位置或范围。要实现这一点，先打开这个几何形状的"标尺"编辑框，然后当鼠标移动到该图形时就会变成一个手状的图标，这意味着可以拖动了。对于圆，可以单击圆心并拖动到新的位置；对于曲线和多边形，Google Earth 是依据各点设定的先后顺序连线而成的，要改变它的形

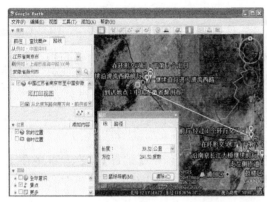 

直线测量　　　　　　　　　　　　　　　　曲线测量

图 2.12　直线测量和曲线测量的区别

状，就必须在原有两点之间插入新点，Google Earth 会自动连接并形成新的图形。增加新点时要注意，先选中这两个点之中先创建的那个点，否则会从最后一点连到新添加的点。移除某曲线或多边形上的一个点，先选中该点，然后按下键盘上的 Backspace 键。

2.5　图层管理

Google Earth 在影像的基础上提供了很多数据图层，用户可根据自己希望的实际情况选择打开的图层。图层打开时会在相应的位置呈现各种数据。例如，勾选了餐厅中的快餐，那么进入纽约市区便可以清楚获知麦当劳、肯德基在该地区开了多少家分店、具体位置在什么地方；再打开道路图层便可清楚地看见通往该处的交通情况；进一步设置，可以直观地利用在商业信息调查、市场数据调研、店面选址决策等方面。需注意的是，图层打开的越多，需要传输的数据也就越大，对网络的要求也就更高。

2.5.1　查看图层

如图 2.13 所示，有些图层名称前会显示一个"＋"图标，这表示该图层还含有子图层，您可以单击"＋"图标来展开它，查看子图层列表。例如【餐饮】图层中就包含了很多不同类型餐厅的子图层，如快餐、海鲜等，可以选择只显示特定类型的餐馆，或选择整个【餐饮】目录来显示所有餐馆。

Google Earth 图层中所展示的内容都是由 Google 公司或其合作伙伴提供，Google 公司再将其汇总、整理并发布在图层面板里。其实和地标相似，任何人都可以利用

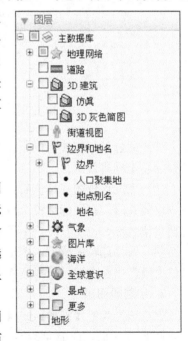

图 2.13　Google Earth 图层

Google Earth 或 KML 创建并分享自己的成果。

2.5.2　定制图层

Google Earth 中，除了可以浏览地表地貌与预设的图层外，还允许用户自行增加制作专题图层。Google Earth 专题图层一般可分为点图层、线图层、面图层、影像等类型。本小节首先说明点、线、面图层增加和编辑的操作方式，其他专题内容将于后续各小节进一步介绍。

1. 定制点图层

（1）首先选定好所想编辑的区域，然后选择菜单【添加】→【地标】，或者直接在工具条中选择添加地标按钮，打开【新增地标】对话框。此时主界面中心位置即会显示定位图标，如图 2.14 所示。

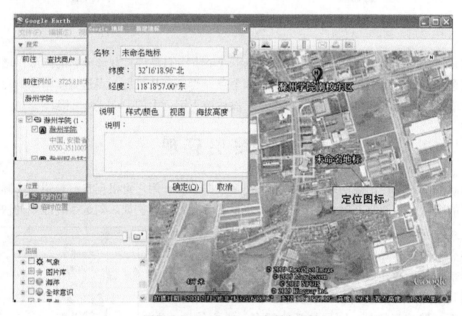

图 2.14　Google Earth 定制点图层

（2）通过鼠标拖拽定位点位图标的正确位置，或利用【添加地标】对话框输入新增点位的经纬度坐标进行定位。

（3）完成点位图标定位后，在【添加地标】对话框中进行属性设定（若【添加地标】对话框已经关闭，在图标点位上单击鼠标右键，选择属性项即可重新打开），可以编辑的属性包括点位名称、说明（支持 HTML 代码）、样式/颜色、视图、海拔高度等。

（4）属性编辑完成后，单击【确定】即完成添加。当要删除自行加入的点位时，在地标点位上单击鼠标右键，选择删除，可删除该点位。

2. 定制线图层

（1）选择菜单【添加】→【路径】，或直接在工具条中选择添加路径按钮，打开【添加路径】对话框，此时主界面中心位置会显示绘制线段工具（白色十字框）。如图 2.15 所示。

图 2.15　Google Earth 定制线图层

（2）路径绘制的方式分为两种。若是绘制连续圆滑线段，按住鼠标左键，此时鼠标指针会变为向上箭头，拖动鼠标线段会随着鼠标轨迹发生变化；若是绘制规则线段，利用鼠标点选路径各节点即可。

（3）完成路径绘制后可进行属性编辑（方法与添加地标相同）。编辑完成，单击【确定】。当要删除自行加入的路径时，在该路径上单击鼠标右键，选择删除。

3. 定制面图层

面图层绘制方式与线图层大致相同，主要差异在于所绘制线段最终需闭合成多边形。

（1）选择菜单【添加】→【多边形】，或直接在工具条中选择添加多边形按钮，打开【添加多边形】对话框，此时主界面中心位置即会显示绘制多边形工具（白色十字框），如图 2.16 所示。

（2）绘制要素时可同时使用拖拽或点选两种绘制模式，以绘制弯曲或直线段多边形边界。由拖拽模式切换为点选模式，只要松开鼠标按键，将鼠标指针定位到绘制位置上，然后单击鼠标左键，直线段边界即会在上一个点和最新点之间形成。反之，即可由点选模式切换至拖拽模式。

（3）绘制完成后可进行属性编辑（方法与添加地标相同）。编辑完成，单击【确定】完成添加。当要删除自行加入的多边形时，在该路径上单击鼠标右键，选择删除。

2.5.3　实用图层

Panoramio：该网站上传的照片主要用于 Google Earth 卫星地图上的实景照片，上传的照片经过审核与定位之后将出现在 Google Earth 的卫星地图上。

维基百科（Wikipedia）：当浏览地球上的某个地方时，会在上面显示维基百科关于这个

图 2.16　Google Earth 定制面图层

地方的介绍,有些地点还配有丰富的图片。此外,还可以通过这个图层快速查看 Google Earth 论坛里人们对该地的评论。

街道视图:提供水平方向 360°及垂直方向 290°的街道全景,让使用者能检视所选城市地面上街道不同位置及其两旁的景物。Google 街景视图会根据使用者的要求,将装设于旗下车队车顶上的摄影机所拍下的照片以球状影像在 Google 地图上定位,并以 Google 地图的卫星影像为背景展示。在某些限定行人通行的区域,狭窄的街道以及公园小巷等车不能进入的地方,则以 Google 自行车替代。此球状影像可使用键盘的方向键或鼠标单击移动。利用以上操作,街景的图片即可从不同大小、不同方向及不同角度观看。街景视图中沿着街道展示的路线,即为街景视图拍摄时汽车行走的路线。

实时交通(Traffic):激活该图层服务以后,可以发现有绿色、黄色和红色的小圆点出现在公路街道上,代表了某地区的交通路况信息(拥堵状况)。红色说明需要慢速或禁行的地方,黄色表示警告,白色表示暂无数据可用,而绿色表示可以正常行使的路段。

天气预报(气象):包括云层、雷达、气候条件和天气预报等选项。勾选这些选项后,在 Google Earth 上就能查看到各地区的天气数据了。单击天气数据按钮,即会在弹出窗口显示更多的信息,如温度、湿度、风速及紫外线指数等,除显示当天的天气信息外,还会预报后续四天的天气情况。

2.6　使用多媒体

目前,Google Earth 已经包含了网站、博客、图片、GPS、地图、天气、卫星影像等图层。Google Earth 有一个重要的扩展特性,就是只要给它增加新的图层,就可以直接与不同的 Google 产品相结合。本节主要介绍 Google Earth 照片、视频等多媒体扩展功能。

2.6.1　照片管理

1. 浏览照片

可以在 Google Earth 里浏览各种高清晰照片，如 Gigalpixl 图层里的高清照片。要实现这个功能，需要在【图层】面板里，先勾选【图片库】→【Gigalpixl】，然后在 3D 视图里双击带有 ![图标] 图标的对象。Gigalpixl 高清照片并不是每个地方都有，如果在当前的 3D 视图中看不到 Gigalpixl 的图标，可以尝试切换到其他地方查找。

图 2.17 是浏览高清照片的专用控制面板，可以用它缩放、移动视图区域的高清照片，这个控制面板只有鼠标出现在 3D 视图右上角时才会出现。下面来认识一下该面板。

方向键：单击移动照片，观察照片的不同部位，这些方向键只有当照片放大到一定程度时才会显示。

缩略图：单击并拖动这个缩略图也可以移动照片，左键双击放大视图，右键双击缩小视图，白色方框内的区域表示照片上你正在观察的区域。

缩放滑杆：使用该滑杆可放大或缩小当前的视图，缩放功能也可以分别通过在缩略图上双击鼠标左右键来实现。

退出按钮：单击【Exit Photo】退出高清照片浏览模式，回到标准的地球视图。

图 2.17　Google Earth 浏览高清照片专用控制面板

2. 添加照片

可以将高清照片添加到 Google Earth，添加的照片不会被别人看到，除非你愿意和别人分享。勾选【共享/发布】，添加照片的方法如下：

（1）选择菜单【添加】→【照片】。

（2）Google Earth 会弹出如图 2.18 所示的对话框。

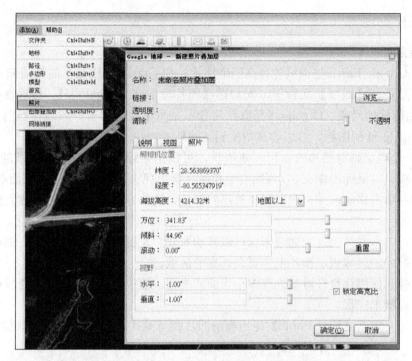

图 2.18　Google Earth 添加照片面板

3. 在对话框中输入以下信息

名称：图像的说明性标签。

链接：输入要添加的照片的网址或位置。

透明度：选择图像在 3D 查看器中显示的透明度。

说明选项卡（可选）：输入有关图像的任何注释或文本。

视图选项卡：使用这些设置将照片手动放置到准确位置。获取此选项卡中术语的解释，请将鼠标悬浮在任意字段上。也可以单击图像，然后将其拖至理想位置。

照片选项卡具体包括以下内容。

照相机放置：这是查看照片的默认视点位置。

方位：照片相对于北的方位角方向。

倾斜：照片相对于地球表面的倾斜度。

滚动：使用此选项旋转照片的绝对方向。

视野：这些设置控制该照片在 3D 查看器中相对于地球的占地范围，选中锁定高宽比可以保持照片的原始尺寸比例。

完成之后，单击确定，可以按上面所述方式查看照片。通过双击"位置"面板中的照片，可以随时返回到照片。

2.6.2　视频管理

1. 浏览视频

通过 YouTube 视频创作者将他们的视频映射到地图上，Google Earth 可以使互联网用户能够"放大"地图上的某一位置，观看与该位置相关联的 YouTube 视频。例如，去毛伊岛旅行的用户会找到冲浪、潜水的视频。

在【图层】面板里，勾选【图片库】→【YouTube】，然后在 3D 视图里双击带有 图标的对象。例如，可以看看 YouTube 用户拍摄的广州长隆欢乐世界的激流冲浪。如图 2.19 所示。

图 2.19　Google Earth 视频浏览

2. 添加视频

以 YouTube 为例，如果要在 Google Earth 中添加网络上的视频，其操作步骤如下：

（1）访问 YouTube 网页，复制你选择的视频嵌入代码。

（2）打开 Google Earth，选择【菜单】→【添加地标】，并将复制的视频嵌入代码复制到添加地标对话框"说明"标签下。

（3）单击确定，选择该点即可看到你刚才添加的视频。

至此，Google Earth 上面所包含的内容种类已非常丰富，网站、博客、图片、GPS、地图、天气等，当然还有现在的视频。这些使得 Google Earth 不再是一个孤立的地图产品，而是逐步成为一个以地图为中心的多媒体信息平台。可以想象，随着 Google Earth 功能的进一步完善，你只要在各地设置信息站点，每天生动而形象的多媒体新闻就会呈现在你面前，你再也不必一会儿搜索奥斯卡颁奖现场视频，一会儿搜索点评，一会儿再搜索图片新闻，Google Earth 会为用户包揽这一切，做好多媒体集成工作。

2.7　实例与练习

练习：绘制主要建筑及道路要素，并添加多媒体信息

1. 背景

Google Earth 中，除了可以浏览地表地貌与预设的图层外，还允许用户自行增加制作专

题图层。Google Earth 专题图层一般可分为点图层、线图层、面图层等类型；除此之外，在专题图层的基础上，Google Earth 还提供了强大的多媒体展示功能，通过照片、视频等极大地丰富了专题图内容。

2. 目的

绘制滁州学院南校区主要建筑及道路要素，并添加相关多媒体信息，让读者熟练掌握Google Earth 专题图层的制作与使用 Google Earth 多媒体信息。

鼓励大家以自己学校或熟悉区域的建筑物、道路、多媒体等资料完成该练习。

3. 要求

确定滁州学院南校区所包含的数据图层及地图要素的表示方法，根据数据的属性特征，确定点、线、面图层要素的符号化方法。

4. 数据

滁州学院南校区相关照片及视频。

5. 操作步骤

1）搜索滁州学院位置

在搜索框中输入"滁州学院"，然后单击 🔍 搜索按钮，视图即会移动至搜寻结果，如图2.20 所示。

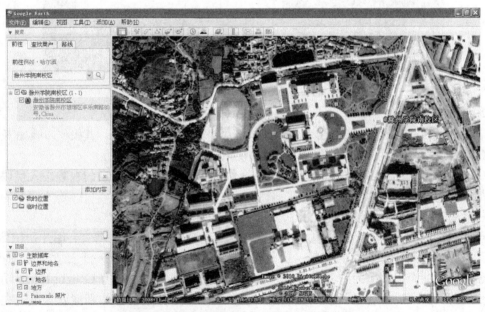

图 2.20　滁州学院在 Google Earth 中的位置

2）定制图层

（1）定制点图层。选择菜单【添加】→【地标】，或者直接在工具条中选择添加地标按钮 ，打开【新增地标】对话框，此时主界面中心位置即会显示定位图标，如图2.21 所示。可通过鼠标拖拽定位点位图标正确位置，或利用【添加地标】对话框输入新增点位的经纬度坐标进行定位。完成点位图标定位后，即可在【添加地标】对话框中进行属性设定。若【添加地标】对话框已经关闭，则在图标点位上，单击鼠标右键，选择属性项即可重新打开，可以编辑的属性包括点位名称、说明（支持 HTML 代码）、样式/颜色、视图、海拔高度等。属性编辑完成后，单击【确定】完成添加。当要删除自行加入的点位时，则于地标点位上单击鼠标右键，选择删除。

图 2.21　Google Earth 定制点图层

（2）定制线图层。选择菜单【添加】→【路径】，或直接在工具条中选择添加路径按钮，打开【添加路径】对话框，此时主界面中心位置即会显示绘制线段工具（白色十字框），如图 2.22 所示。若是绘制连续圆滑线段，则按住鼠标左键，此时鼠标指针会变为向上箭头，拖动鼠标则线段会随着鼠标轨迹变化；若是绘制规则线段，则利用鼠标点选路径各节点即可。完成路径绘制后，即可进行属性编辑（方法与添加地标相同）。编辑完成，单击【确定】完成添加。当要删除自行加入的路径时，在该路径上单击鼠标右键，选择删除。

图 2.22　Google Earth 定制线图层

（3）定制面图层。选择菜单【添加】→【多边形】，或直接在工具条中选择添加多边形按钮 ⌀⁺，打开【添加多边形】对话框，此时主界面中心位置即会显示绘制多边形工具（白色十字框），如图 2.23 所示。绘制要素时可同时使用拖拽或点选两种绘制模式，以绘制弯曲或直线段多边形边界。绘制完成后可进行属性编辑（方法与添加地标相同）。编辑完成，单击【确定】完成添加。当要删除自行加入的多边形时，在该路径上单击鼠标右键，选择删除。

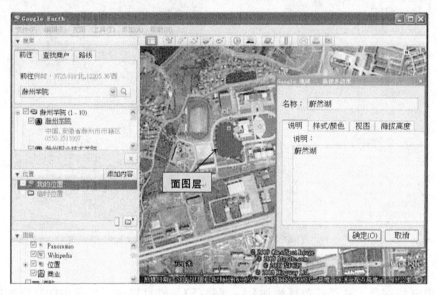

图 2.23　Google Earth 定制面图层

3）添加多媒体

（1）在滁州学院南校区大门附近，添加一张大门照片。选择菜单【添加】→【照片】，弹出图 2.24 所示的对话框，调整照片叠加项相关参数（参数详见 2.6.1 节），点击确定。

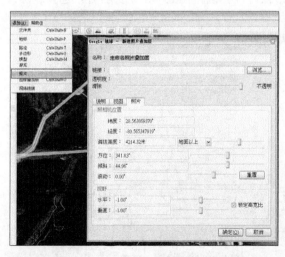

图 2.24　Google Earth 添加照片面板

图 2.25　Google Earth 添加视频面板

　　（2）添加视频。在滁州学院南校区影像上找到"水上报告厅"，并在其位置上添加一段国庆 60 周年联欢晚会第一乐章《这是伟大的祖国》的视频片段。选择【菜单】→【添加地标】，拖动地标图标至"水上报告厅"位置，并将复制的视频嵌入代码复制到添加地标对话框"说明"标签下，确定即可。如图 2.25 所示（视频链接地址：http：//v. youku. com/v ＿ show/id ＿ XMTIyNTU3ODQ4. html）。

第3章　Google Earth 高级功能

3.1　地　标　操　作

地标可以简单地理解为地址的标签。可以在浏览时随时随地插入标签记录，以便对该处进行注解、提醒。还可以将地标保存输出成单独的文件进行交流，让所有使用者都可以彼此交换各自的浏览发现与成果。Google Earth 有两种类型的地标文件，一种是 KML 文件，一种是 KMZ 文件。

KML 是原先的 Keyhole 客户端进行读写的文件格式，是一种 XML 描述语言，并且是文本格式。XML 格式的文件对于 Google Earth 程序设计来说有极大的好处，程序员可以通过简单的几行代码读取出地标文件的内部信息，并且还可以通过程序自动生成 KML 文件。使用 KML 格式的地标文件非常有利于 Google Earth 应用程序的开发。

KMZ 是 Google Earth 默认的输出文件格式，是一个经过 ZIP 格式压缩过的 KML 文件。KMZ 压缩包，不仅能包含 KML 文本，也能包含其他类型的文件。如果地标描述中链接了本地图片等其他文件，建议在保存地标时，保存类型选 KMZ 而不选 KML。Google Earth 会把链接的图片等文件复制一份夹在 KMZ 压缩包中，方便人们将包含丰富信息的地标文件发给朋友一起分享。

一般情况下，双击 KMZ/KML 文件即可从 Google Earth 中打开地标文件。需要注意的是，KMZ/KML 地标文件名不能包含中文字符，文件存放的路径也不能有中文字符，否则将无法在 Google Earth 中打开。

3.1.1　使用地标

1. 整理地标

1）新建目录

可以在【位置】面板中创建一个新的地标目录，以便将别的目录或地标移到新目录中。操作方法是右击【位置】面板中的任一目录（这一目录将会成为新创建目录的父目录），在弹出菜单中选择【添加】→【文件夹】，或者直接选择菜单【添加】→【文件夹】，或者使用快捷键 Ctrl＋Shift＋N，然后在弹出的对话框中设置新目录的属性。

名称：显示在【位置】面板中的名称。

说明：如可以输入将存入该目录的地标描述，该描述文字将会显示在【位置】面板中。创建完成后，当在【位置】面板中单击它时，该描述将会以气泡弹框的形式出现在 3D 视窗中。另外，可以使用 HTML 标签来书写描述。

视图：如果希望以同一个视角来观察这个目录中的所有地标，那么这个属性就会对你非常有用。

2）重新组织地标或目录

可以使用以下三种方法组织地标或目录：

（1）用鼠标拖动地标或目录到新位置；

（2）用鼠标拖动地标或目录到其他目录；

（3）右击某个地标或目录，在弹出菜单中选择【剪切】，再右击新的位置或目录，选择【粘贴】。

使用这些方法，可以将地标或目录放到新的位置，或其他目录中。如果整理的对象位于【临时位置】，而且希望以后还能使用它们，那么务必保存这些数据到【我的位置】或磁盘上。关闭 Google Earth 而没有保存这些数据，系统会弹出一个确认对话框，询问是否将【临时位置】中的内容保存到【我的位置】。如果选择了"否"，系统会自动清除【临时位置】中的所有内容。

3）重命名地标或文件夹

重命名某个 Google Earth 对象，可以右击该对象，在弹出菜单中选择【重命名】，或者先选中该对象，再从菜单选择【编辑】→【重命名】，然后输入新名称。

4）删除地标或目录

可以使用以下几种方法删除【位置】面板中的 Google Earth 对象：

（1）右击欲删除的对象，在弹出菜单中选择【删除】；

（2）先选中该对象，再选择菜单栏中的【编辑】→【删除】或者使用快捷键 Delete。

在执行上面的操作后，会弹出一个确认对话框，询问是否确认删除，根据实际情况选择"是"或"否"。若删除一个目录，该目录里的所有内容（包括子目录）也会被一并删除，并且无法恢复。

2. 保存地标

可以将地标、3D 模型或整个目录保存到本地磁盘上。这些内容将被保存为单一的 KMZ 格式文件，任何时候都可用 Google Earth 打开，并且还有下面的两个好处。

（1）与其他 Google Earth 用户分享你保存的内容：可以在 Google Earth 中直接邮发地标、模型或整个目录给其他 Google Earth 用户，也可以直接邮发至你磁盘中的任何 KMZ 文件，还可以将 KMZ 文件上传到网上的相关论坛（如 Google Earth 社区），给其他 Google Earth 用户使用。当然，也可以将它放到自己的网站上或其他网络位置供他人下载。

（2）加快 Google Earth 启动速度：Google Earth 每次启动时都会自动加载【我的位置】中的所有内容，所以如果地标太多，启动将会变慢。可以将一些不常用的地标保存在磁盘上，然后在【我的位置】中删除它们，从而加快 Google Earth 的启动。

要保存某个地标、模型或目录，右击该对象，在弹出菜单中选择【将位置另存为…】，然后选择磁盘路径，并输入文件名，单击"保存"按钮，保存的文件扩展名是 kmz。

3. 导入地标

可用以下方法打开本地磁盘中的地标文件：

（1）选择菜单【文件】→【打开】，在文件选择对话框中选择一个 KMZ 或 KML 文件，然后单击【打开】按钮。打开的地标会出现在【临时位置】目录中，同时 3D 视图会根据该地标内容"飞"到相应的位置。

（2）在磁盘上找到 KMZ 或 KML 文件的位置，然后将文件拖到 Google Earth 的【位置】面板或 3D 视窗中，松开即可。

如果使用拖放的方法打开地标文件，直接将地标文件拖放到【位置】面板中的特定目录。如果【我的位置】没有展开，可以先拖到【我的位置】上不放，稍微停留一下，该目录会自动展开，然后就可以放到指定的目录了。

4. 显示和隐藏地标

当【位置】面板中储存并勾选了大量的地标时，会使视图很凌乱，此时可以使用【显示/隐藏】功能来决定它们是否显示在 3D 视图上。显示或隐藏地标，只需勾选或取消该地标前面的复选框即可，若勾选或取消目录，可批量管理该目录中的地标可见性。

如果某目录前面的选择框显示为一个点图标，则说明该目录中有部分对象（而不是全部）已被选中。

3.1.2　分享地标

本小节介绍如何与他人（包括 Google Earth 用户和非 Google Earth 用户）分享地标、形状等 Google Earth 对象。可以通过下面的方法来分享你的地标：用电子邮件发送视图、用电子邮件发送地标、通过网络分享地标、创建网络连接等，也可通过 Google Earth 社区网站与其他 Google Earth 用户分享地标。

1. 用电子邮件发送视图

目前 Windows 系统通常采用 Outlook Express 和 Gmail 来发送电子邮件。要与他人分享当前视图内容，一般可以采取下列两种方法：①将视图转换为图片，邮发给没有安装 Google Earth 的朋友；②转换为 KMZ 文件，然后邮发给安装了 Google Earth 的朋友。如果选择发送图片，Google Earth 会自动将视图转换为一个 JPEG 图片，并添加到电子邮件的附件中；同样，如果选择发送 KMZ 文件，KMZ 文件会也被自动添加到邮件附件中。下面详细介绍两种方法的具体操作步骤。

（1）选择发送内容。

如果准备以图片方式发送，执行下列任一操作：

选择菜单【文件】→【电子邮件】→【通过电子邮件发送图像】；

按下快捷键 Ctrl＋Shift＋E；

单击工具栏中的电子邮件图标 M，并选择【3D 视图图形】。

以 KMZ 文件方式发送，执行下列任一操作（注意与上述步骤的区别）：

选择菜单【文件】→【电子邮件】→【电子邮件视图】；

按下快捷键 Ctrl＋Alt＋E；

单击工具栏中的电子邮件图标 M，并选择【3D 视图快照】。

（2）在【选择电子邮件服务】窗口中，选择邮件发送程序，如果是首次选择 Gmail，系统会提示你登录。选择后，Google Earth 会自动将视图转换为图片或生成 KMZ 文件，并自动启动邮件工具。

（3）填写收件人的电子邮件地址及正文内容，点击"发送"按钮。

2. 用电子邮件发送地标

如果希望跟朋友分享的内容不在当前视图上，而是在其他的地标文件中，那么还可以采用和上面类似的方法发送这个地标文件，前两步是：

（1）在【位置】面板中选中你想要分享的地标。

（2）执行下列任意一个操作：

右击该地标，并在弹出的菜单上选择【电子邮件】；

选择菜单栏【文件】→【电子邮件】→【通过电子邮件发送地标】；

按下快捷键：Ctrl＋E；

单击工具栏中的电子邮件图标，并选择【所选地标/文件夹】。

后面的步骤和"用电子邮件发送视图"的方法相同。需要注意的是，如果所选的地标中有自定义的图标或覆盖图（Overlay），并且这些图标或覆盖图是本地磁盘中的文件，那么它们会被自动打包进 KMZ 文件之中，因此，这种 KMZ 文件可能会较大。

3. 在网络上共享地标

除了将地标数据保存在本地磁盘之外，也可以将其保存在互联网服务器上，其他 Google Earth 用户就可以直接使用这些数据了。与其他能在线访问的文件一样，可以创建一个指向该 KMZ/KML 文件的超链接，以方便读取。

将地标数据保存到服务器上，至少有以下三个好处。

（1）方便使用：可以在任何地方、使用任何计算机来访问这些 KMZ/KML 文件。

（2）易于发布：可以随时更新，随时发布，并且只需发布一次，就可以让很多人同时分享，比起用电子邮件发送地标要容易很多。

（3）备份：如果电脑出了故障，丢失了本地磁盘中的数据，可以将服务器上的 KMZ/KML 文件复制到本地，恢复丢失的数据。

4. 创建网络链接

网络链接其实也是一个 KMZ/KML 文件，但是它本身并不包含任何能在 Google Earth 里显示的内容，因为它实际上只是一个链接，连到另外一个包含 Google Earth 对象的 KMZ/KML 文件，这个概念有点像计算机桌面上常见的"快捷方式"。网络链接常用来传播位于某台互联网服务器上的 KMZ/KML 文件，可能是因为这样的 KMZ/KML 文件内容需要经常更新，如果直接让其他用户下载，就不能保证更新之前下载这些文件的用户能看到更新后的内容，所以仅提供一个链接。只要保证这个链接不变，用户任何时候都能看到最新的内容。另外，如果发布者不希望使用者看到他们创作的 KMZ/KML 文件的源代码，可以制作成网络链接，这样既可以让别人分享自己的成果，也不容易让别人窃取自己的成果。

网络链接必须指向一个实际包含 Google Earth 对象的 KMZ/KML 文件，创建一个网络链接时，需要先把相关的 KMZ/KML 文件上传到某台互联网服务器。上传文件需要用到 FTP 软件，这方面的知识可以查询相关书籍。下面主要阐述如何创建网络链接。

（1）选择菜单【添加】→【网络链接】，或右击【位置】面板中的某个目录，在弹出菜单中选择【添加】→【网络链接】。这种添加方式会自动把网络链接放到选中的目录中，如图 3.1 所示。

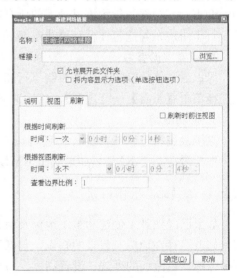

图 3.1　添加网络链接

（2）填入下列各相关属性。

名称：显示在【位置】面板中的名称。

链接：指向 KMZ/KML 文件的 URL 或完整路径。例如，http://www.chzu.edu.cn/my.kmz，如果指向的是局域网上的文件，可以单击【浏览】来定位，若填写正确，视图会自动"飞"到相应的位置。

说明：对该网络链接的描述，支持 HTML 语法。

视图：设置网络链接的默认视图。

刷新：设置刷新参数。

（3）单击【确定】按钮，完成网络链接的创建，可以像管理【位置】面板中其他 Google Earth 对象一样，管理这个网络链接。

3.1.3　漫游地标

图 3.2　漫游地标面板
1. "播放"按钮；
2. "停止"按钮

除了漫游行车路线外，还可以漫游【位置】列表中的其他对象。方法是先勾选想要漫游的 Google Earth 对象，然后单击【位置】面板底部的【播放】按钮。这样就会在 3D 视图中开始逐一飞越你勾选的 Google Earth 对象，并且在每个对象处都会稍作停留。要停止漫游，请单击【位置】面板底部的【停止】按钮，要暂停或继续漫游，请再次单击【播放】按钮，如图 3.2 所示。

1. 设置漫游目标

勾选的对象：首先在【位置】面板里勾选所有需要漫游的对象，然后单击 ◻ 按钮，Google Earth 就会从第一个被勾选的地标开始逐个显示所有被勾选的地标。

漫游单个地标或单个目录：勾选需要漫游的地标或目录，取消所有其他项目的勾选，然后单击 ◻ 按钮。如果是单个地标，Google Earth 便会直接显示目标，但如果是一个目录，Google Earth 会逐一显示该目录下的所有对象，包括子目录下的对象。

行车路线：勾选包含行车路线或路径的目录，并取消勾选其他项目，再单击 ◻ 按钮。

2. 设置漫游参数

可以通过修改漫游参数来控制飞行速度、停留时间、循环次数以及观察角度等，方法是先选择菜单【工具】→【选项】，然后选择【游览】选项卡，如图 3.3 所示。

3. 录制漫游

除了录制游览路线漫游外，还可以对地标进行漫游录制。具体操作方法请参考 2.3.3 节。地标漫游基于 KML，如果熟悉 KML，可以手动编辑浏览的代码。

3.1.4　编辑地标和目录

如果已经熟悉了创建和组织地标及目录的基本操作，在本节可以进一步了解到更多关于如何修改已存在地标及目录的知识，包括更改位置、设置视图、编写描述、更改标签外观、更改图标、更改线的外观、设置高度、目录特性。方法是在【位置】面板中，右击某个地标或目录，然后在弹出菜单中选择【属性】，便会弹出地标或目录的编辑框，在这里可以实现上面所列出的各种功能要求。

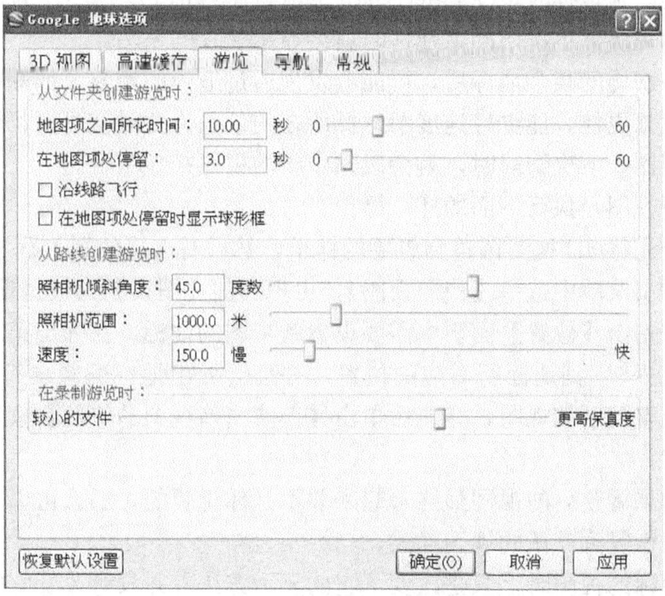

图 3.3　设置漫游参数

1. 更改位置

编辑一个地标时，有时需要重新调整它在地球上的位置。下面几种方法可以实现更改位置的要求。

1）在 3D 视图直接拖动地标图标

当地标的编辑框出现后，3D 视图区域会出现一个黄边的方框，包围着正在编辑的地标图标，可以直接拖动这个方框到任意新的位置。如果需要移动地球才能找到你想要的位置，将鼠标移出方框再拖动即可。

2）将地标锁定在 3D 视图的中心

这个方法和上面拖动地标的方式正好相反，上面的方法是将地标拖到新位置，该方法是将新位置拖动到地标的下方，两者都能实现更改位置的要求。当新位置在当前视图范围之外时，这种方法将非常适用。锁定地标的方法是先选择【视图】标签，然后再勾选【视图中心】即可，一旦该选项被勾选，地标图标将会自动移到 3D 视图的中心位置，并且不能再被拖动。这时可以拖动地球来调整地标在地球上的新位置。

3）手动输入新位置的经纬度

这种方式最快最准，但需要知道新位置准确的经纬度，这往往可以从 GPS 设备获取。如果已经知道，则可直接在【经度】和【纬度】框中输入经纬度。输入完毕，地标会立即自动定位到新的位置。

另外，在输入框中输入经纬度时，一旦光标离开输入框，地标的位置就立即会被重设，由于视图不会跟着移动，因此地标也许会从当前视图中消失。要想重新唤回地标，请单击【视图】标签下的【恢复到默认视图】按钮，视图就会移动到地标的新位置。

2. 设置视图

这里所说的视图是指当 Google Earth "飞"到地标所在的位置后，从 3D 视窗里看到的样子。一般当新建一个地标时，Google Earth 会默认将当前 3D 视图作为该地标的视图。此时可以更改和保存视图，再次访问该地标时就会显示保存的视图。

例如，当第一次访问某个地标后，可能会发现通过适当的调整，如倾斜、放大或改变方向后会比默认的效果更佳，能更好地展示地标所在的位置，此时就可以将调整后的视图保存为该地标的默认视图，下次访问时，就会以这个新的视图来显示了。

设置并保存新视图，执行下面的任一操作。

（1）套用：首先将 3D 视图调整到想要的样子，然后右击【位置】面板中需要设置新视图的地标，再在弹出菜单中选择【快照视图】，可把当前视图设置为被选地标的默认视图。

（2）编辑：先右击【位置】面板中需要设置新视图的地标，在弹出菜单中选择【属性】，选择后 3D 视图会"飞"到地标所对应的位置，并且会弹出地标编辑窗口，再选择【视图】标签。这时可以调整到新的视图，完毕后单击【获取当前视图的快照】按钮，最后单击【确定】保存新的设置。

（3）重置：如果调整后的视图最终看起来并不是你想要的，那么可以单击【视图】标签下的【重置】按钮恢复到默认的视图样式。

当改变一个地标的视图时，只是改变了它的显示方法，并没有改变它的坐标，因此，甚至可以为某个地标设置一个在视窗中看不到该地标图标的视图。

3. 编写说明

地标或目录的"说明"框可以容纳很长的文本，足够写入非常详细的描述内容，并且文本框支持 HTML 语法（可以先在 Dreamweaver 软件或其他网页编辑器里把格式调整好，然后再把 HTML 源代码复制过来）。

描述内容会在单击【位置】面板中对象或 3D 视图中的图标时出现，出现在一个气泡弹框里。在【位置】面板中，地标或目录的名称下面也会显示一些描述的摘要，如图 3.4 所示。

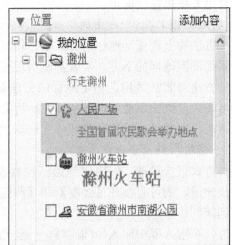

图 3.4　Google Earth 编辑地标摘要

关于描述的书写，请注意下面几个要点：

（1）有效的 URL 会被自动显示成超链接，用户可在气泡弹框单击超链接访问该 URL 指向的网页。

（2）支持绝大部分 HTML 标签，如字体、图片和表格等。如果熟悉 HTML，就可以发挥创意，编写一个风格漂亮的描述（图 3.5）。

（3）可以在描述中包含图片。方法是使用 HTML 的 IMG 标签来实现，图片来源可以是来自本地磁盘（如<img src=" D:\ test.jpg" >），也可以来自互联网（如<imgsrc= http://www.gearthchina.com/test.jpg>）。

图 3.5　Google Earth 编辑地标的 HTML 标签

虽然理论上可以在描述框中输入无限长的文字，但是过长的文字会对 Google Earth 的性能产生一些不良的影响，所以在书写时应做好取舍。

4. 更改标签外观

编辑地标或目录时，可以更改【名称】框中文字或者设置【样式/颜色】选项卡中各参数的值，更改该地标名称和图标显示在视图上的外观。【样式/颜色】选项卡包含下列参数。

颜色：设置名称或图标的颜色，单击【颜色】右侧的小方块，然后在颜色拾取器中选则想要的颜色。

显示比例：设置名称标签或图标的大小，最大比例为 4。

透明性：数值越低，显示越模糊，取值范围为 0～100。

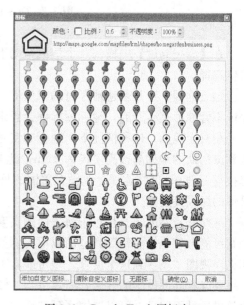

图 3.6　Google Earth 图标窗口

5. 更改图标

单击名称栏右边的图钉图示，选择图标样式，根据需要调整图标颜色、比例及透明度，还可以选择自定义的图标或不显示图标，如图 3.6 所示。

如果 Google Earth 预设的所有图标都不能让你满意，那么也可以使用自定义图标，单击图标选择窗口【添加自定义图标】，或者直接输入图标的路径或 URL。

6. 设置高度

假设地球是平的，那么地表和地表以上的空间就构成了一个 3D 空间，在这个 3D 空间里，任一点都由 X、Y、Z 三个参数确定，对应到现在用的大地坐标系统里，就是经度、纬度、高度。地标的海拔高度就是指地标所指定的"点"离地面的高度（Z 值），在 Google Earth 的表现是地标图标在 3D 视图上的高度。这个参数在创建、编辑地标时，可以在【海拔高度】选项卡中设置，如图 3.7 所示。

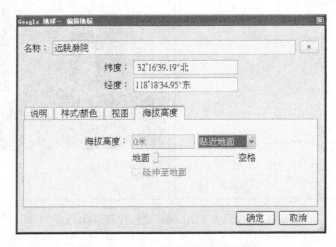

图 3.7　Google Earth 设置图标高度

在【海拔高度】中输入一个值或拖动下面的滑杆，输入框右边的选择框有三种高度类型可供选择。

贴近地面：这是新建地标时的默认值。表示将把地标锁定在地面，高度值为零，这样可保证不管地形是否开启，地标图标都会固定在地面上。

相对于地面：这种情况下，地标的实际海拔高度将取决于当地的海拔高度。例如，将意大利威尼斯的地标海拔高度设为 10m，此时地标的实际海拔高度也是 10m，因为威尼斯的海拔高度是 0；但将这一个值设在美国的丹佛，地标的实际海拔高度将是 1626m，这是因为丹佛的海拔高度是 1616m。

绝对海拔高度：指相对于海平面的高度，若选用这个选项，需要知道当地的海拔高度，否则可能会使地标"钻"到地面以下。例如上例中的丹佛，如果在这里还是将值设为 10m，那么当视图"飞"到这个位置，很可能看不到地标图标，因为它在地球"肚子"里。

要查看高度设置的效果，需要适当的倾斜视图，如图 3.8 所示。如果倾斜了视图，但高度效果还是不明显，可以选中【延伸至地面】来绘制一条指向地面的直线，这样肯定能很明显地看出高度效果。

水平检视　　　　　　　　　　　　　　　　垂直检视

图 3.8　Google Earth 倾斜视图的不同效果

7. 目录特性

在进行【样式/颜色】和【海拔高度】设置的时候，包含地标的上层目录编辑框里，有时候会出现这两个选项卡或属性，有时候又不会出现，这是因为目录有它的特殊性。本节将介绍其特殊性，并重点介绍目录与成员属性之间的关系。

名称、描述：即目录的名称和描述，这两个属性仅作用于目录本身，不影响该目录中的其他成员。

视图选项卡：与名称和描述属性一样，这个选项卡下面的所有属性也仅作用于目录本身。

风格共享：这个特性在上文已有提及，不过上文针对的是更改目录成员的图标，事实上对于成员的外观也同样有效。设置目录编辑框【样式/颜色】选项卡下的属性，就可以让该目录中的所有成员拥有相同的外观。如果在目录编辑框中看不到这几项设置，需要先单击一下【共享样式】按钮来启用共享。

高度共享：与风格共享类似，在启用共享的状态下，修改目录的高度属性也会覆盖掉该目录中所有成员的高度设置。如果仅启用共享，而不修改高度，各成员的原有设置不会被覆盖。

如果某个目录下包含很多成员，建议先设置该目录的统一风格，再调整单个成员的风格。一旦修改了某成员的风格时，目录的"风格共享"即会失效。对于高度设置也是同样的建议。需要注意的是，修改了单个成员的高度，目录的【海拔高度】选项卡就会消失，必须单击【共享样式】按钮才能重现。

3.2　地图叠加

除了可以在 Google Earth 上添加点、线、面图层外，还可以使用自定义的图像或 Google SketchUp 3D 模型来覆盖地球视图，自定义图像往往可提供一些额外的信息。例如用一张气象卫星图来持续更新并反映当地的气象状况，也可以绘制一张详细的旅行路线图贴在地球上（Google SketchUp 是一个 3D 模型制作工具，更多关于该软件的资料，将在第 4 章详细介绍）。

3.2.1　覆盖图的数据来源

覆盖图所使用的图片可以来自本地磁盘，也可以来自互联网，图片可以是一张普通地图、气象卫星图或者其他各种图片。支持的图片格式有：BMP、DDS、GIF、JPG、PGM、PNG、PPM、TGA、TIFF，其中 PNG 和 GIF 格式的图片还可以设置它们显示时的透明度。

覆盖图的使用会消耗很多内存资源，尤其图片的尺寸超过 2000 像素×2000 像素，就更可能会影响 Google Earth 甚至正在运行的其他软件的性能，所以，对于大尺寸图片，最好事先使用图片处理软件压缩其尺寸后再导入 Google Earth。

3.2.2　创建覆盖图

创建覆盖图，请执行下列步骤：

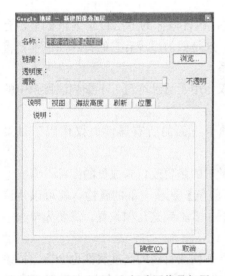

图 3.9　Google Earth 新建图像叠加层

（1）首先在 3D 视图上找到想要创建覆盖图的位置，并且缩放至适当的高度。

选择菜单【添加】→【图像叠加层】，或者使用快捷键 Ctrl＋Shift＋O，Google Earth 会弹出覆盖图的编辑框。如图 3.9 所示。

（2）设置覆盖图的属性或参数。覆盖图和普通的地标有着很多相同的特征，如可将其保存为 KMZ 文件、编辑其属性和各项设置的参数、邮发给其他用户。除此之外，覆盖图还有下列一些普通地标不具备的特征。

a. 自动适应地形。当在创建覆盖图时，如果地形图层是勾选的，那么创建的覆盖图会自动适应地形，使覆盖图好像是紧紧地贴在地面上一样，如图 3.10 所示的两幅图，分别表示的是没有适应地形和已适应地形的状态。

b. 自动更新。该功能先进行刷新设置才能有效，Google Earth 有两种刷新方式可供选择，一种是按时间刷新，另一种是按当前查看的位置刷新。前一种比较适合按一定的时间周期更新的图片，如果时间设置的合理，每隔一段时间都能看到最新的图片；后一种的刷新时刻，根据当前 3D 视窗正在浏览的位置而定。例如可以设定仅当 3D 视窗包含了覆盖图所在的位置时再刷新图片，这样可以节约带宽资源。设置窗口如图 3.11 所示。

c. 显示次序。当多个覆盖图在同一坐标位置显示时，需要设定每个覆盖图的显示次序（Draw Order 参数），Google Earth 会严格按照设定的次序刷新和显示图片。如图 3.12 所示。

没有适应地形　　　　　　　　　　　　　　已适应地形

图 3.10　Google Earth 自动适应地形效果

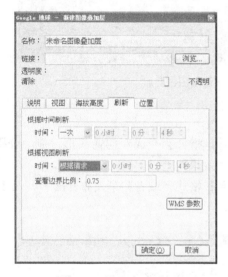

图 3.11　设置自动更新　　　　　　　　图 3.12　设置绘图次序

（3）单击【确定】按钮，覆盖图便创建完成。

默认保存的位置是在【位置】面板里，保存好后视需要还可以对其再编辑。方法是先在列表里选中并单击鼠标右键，在弹出菜单里选择【属性】。

（4）调整图像。首先设定好合适的图像透明度，方便比对影像和叠加图像的吻合点。当图片显示在 3D 视窗里后，会被一些绿线包围，这些绿线可以让我们调整图片的大小、方向和位置。如图 3.13 所示。

a. 当鼠标移动到"1"所示的菱形位置时，鼠标会变成只有食指伸出的形状，这时可通过移动鼠标旋转图片。

b. 当鼠标移动到"2"所示的十字中心位置时，指针又变成只有食指伸出的形状，这表示可以拖动图片，从而改变覆盖图的位置。

c. 当鼠标移动到图片四个角边上时，如"3"所指的位置，鼠标会变成双向箭头形，这时拖动鼠标上下移动可改变图片的高，左右移动可改变图片的宽，向图片中间或反中间方向移动则可对图片进行成比例的缩放。若按住 Shift 键，鼠标则会变成四方向图标，这时再移

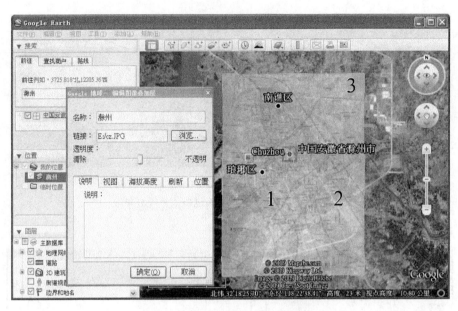

图 3.13　Google Earth 调整图像叠加

动鼠标会使图片沿中心方向缩放。

　　d. 当鼠标移动到左右或上下两边的绿线上时，指针会变成双向箭头形，拖动分别可改变图片的宽和高。同样也可以配合 Shift 键使用，效果同上。

　　（5）调整完毕后，可以将其保存成 KMZ/KML 格式，或者共享发布。图 3.14 是最终效果图。

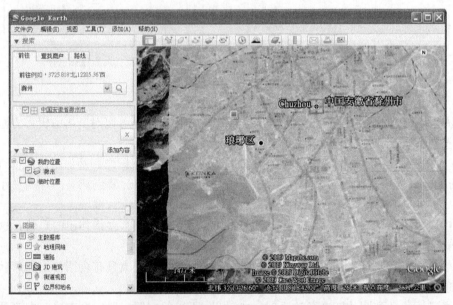

图 3.14　Google Earth 图像叠加最终效果

3.2.3　创建 WMS 覆盖图

WMS（网络地图服务）覆盖图是指使用 Google Earth 指定的第三方组织提供的图片创建的覆盖图，这些图片存放在供应方的服务器上。一般情况下能提供更专业的信息，如气象的形成与状况、地形图、高清晰的卫星照片等。若要创建 WMS 覆盖图，请执行下列步骤：

（1）前两个步骤请参照 3.2.2 节。

（2）在编辑框中选择【刷新】选项卡，并单击其中的 WMS 参数 按钮。

（3）系统会弹出 WMS 对话框，在【WMS 服务器】右边的下拉框中选择一个服务器，或者单击【添加】按钮添加一个，然后再选择。

（4）稍后 Google Earth 便会分别列出所选服务器提供的透明图和不透明图。

（5）在这两个列表中逐个选择你想要的图层，单击【添加】按钮，所选图层就会被添加到窗口右边的【已选择图层】列表中；若希望从【已选择图层】列表中删除，单击【移去】按钮；若要排序，单击【向上】或【向下】按钮。

（6）完成上面的操作后，单击【确定】按钮，若希望先看一下效果，单击【应用】按钮。

3.2.4　打开和浏览覆盖图

当一个覆盖图创建好以后，便可以直接在 Google Earth 里浏览了，除了自己创建的以外，还可以浏览别人通过邮件发送给你的覆盖图，也可以直接浏览来自互联网上的覆盖图。如果是邮发内容，直接双击附件或者先将附件保存到指定的目录，再用 Google Earth 打开；如果是互联网内容，需要一个 URL 链接到覆盖图文件存放的服务器路径，打开方法有两种，一是直接打开，二是先保存到本地再打开。

3.3　模　拟　飞　行

Google Earth 的宇宙遨游模式在第 1 章已经做了简单介绍，如果想获得更多的乐趣，可以开启 Google Earth 模拟飞行模式。调用这个功能后，当前的视图会被切换到飞行模拟状态，一般情况下会出现一条飞机跑道和 HUD（head up display，平视显示器，是目前普遍运用在航空器上的飞行辅助仪器）。可以利用键盘、鼠标或者其他外接控制器来模拟飞行。下面介绍如何调用该功能及如何操作飞行器。

3.3.1　调用和退出

调用飞行模拟器有两种方法：一是选择菜单【工具】→【输入飞行模拟器】，二是使用快捷键 Ctrl＋Alt＋A，然后会出现一个选择框，需要做如下几个参数的设置。

选择飞机：如果是新手，建议选择 SR22，因为比较容易操作。

选择出发点：选择飞行的起始位置。

操纵杆支持：如果要通过外接控制器操纵飞机，需勾选此选项。

设置好以上参数，单击"开始飞行"。在飞行过程中，若希望查看帮助，按下快捷键 Ctrl＋H。若希望退出飞行模式，单击视图右上角的"退出飞行模拟器"，或者使用 ESC 键，

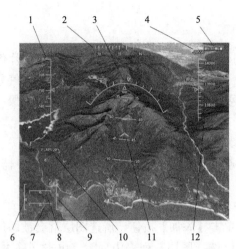

图 3.15　Google Earth 操纵飞行器面板

1. 速度（节）；2. 朝向；3. 倾角；4. 垂直速度（英尺/分钟）；5. 退出模拟飞行按钮；6. 节流阀；7. 方向舵；8. 副翼；9. 升降舵；10. 襟翼与起落架指示器；11. 俯仰角（度）；12. 飞行高度（英尺）

或者再次按下 Ctrl＋Alt＋A 键。

3.3.2　操纵飞行器

一旦进入飞行模式，首先看到的就是图 3.15 所示的 HUD。HUD 上显示的信息与飞行安全有着重要的关系，在使用飞行模拟功能之前，一定要熟知 HUD 上的各个参数才能顺利操作。在飞行过程中可使用快捷键 H 显示或隐藏 HUD。

1. 起飞

按下 Page Up 键，并逐渐增加推力，使飞机在跑道上运动起来。然后稍微向后挪动鼠标或操纵杆，当飞机在跑道上速度达到一定程度时，飞机就会飞起来，这时可通过轻微移动鼠标或操纵杆校正飞机的方向或倾斜度，通过 Alt 或 Ctrl＋方向键查看四周的景观，或者调整飞机的推力、副翼、升降舵等参数。

2. 降落

降落的操作比较复杂，需要多练习几次才能顺利操作。步骤如下：

（1）找一个合适的降落地点，如飞机跑道或一大片空地。

（2）将飞行方向对准降落地，按下 Page Down 键开始降低推力和飞行速度。

（3）按下 G 键放下起落架。

（4）按下 F 键将增加襟翼设定，这也可降低飞行速度。

（5）飞机一旦降落，请及时使用机轮刹车来降低飞行滑行速度。按下"，"键为左轮刹车，按下"."键为右轮刹车。

3. 快捷键

表 3.1 是控制模拟飞行功能的各种快捷键，此外也可以用鼠标或操纵杆控制飞机。单击鼠标左键可禁用或启用鼠标控件。鼠标控件一旦被激活，屏幕上的指针形状将变为十字形。

表 3.1　Google Earth 飞行器快捷键

命令	Windows 按键	结果或注释
退出飞行模拟器	Ctrl＋Alt＋A, Escape	退出飞行模拟器模式
打开飞行模拟器选项	Ctrl＋Alt＋A	打开飞行模拟器对话框
旋转飞行视点	箭头＋Alt（慢）或 Ctrl（快）	将视点移至箭头方向
显示飞行模拟器帮助	Ctrl＋H	打开此飞行模拟器键盘命令页
增加推动力	上页	—

续表

命令	Windows 按键	结果或注释
减少推动力	下页	—
左副翼	向左箭头	—
右副翼	向右箭头	—
升降舵推动力	向上箭头	—
升降舵拉力	向下箭头	—
左方向舵	Shift＋向左箭头	—
右方向舵	Shift＋向右箭头	—
压低升降舵调整片	Shift＋向上箭头或 Home 键	—
抬高升降舵调整片	Shift＋向下箭头或 End 键	—
减少襟翼调整	Shift＋F 或左括号键	—
增加襟翼调整	F 或右括号键	—
中心副翼和方向舵	C	—
展开/收起起落架	G	在飞机起落架可收回情况下起作用
左轮制动	，(逗号)	—
右轮制动	.(句号)	—
暂停模拟	空格	—
打开/关闭 HUD	H	—

3.4　电　影　制　作

　　电影制作功能仅适用于 Google Earth 专业版和企业版的产品用户，这两种版本的用户可以利用该功能录制 3D 视图的运行过程，并且将其保存为一个视频文件。Google Earth 支持的视频格式包括以下几种。

　　WMV：仅适用于 Windows 和 Linux，输出的影片会经过压缩和优化。

　　AVI：同样也仅适用于 Windows 和 Linux，输出的影片没有经过压缩，所以会较大，甚至使一些播放器无法播放所录内容，所以一般不建议使用，除非希望在影片录制后，还会再用视频编辑软件进行二次处理，这种格式才比较合适。

　　JPG：这种格式或许会让你觉得很惊讶，事实上 Google Earth 可自动把视频拆分成多帧，然后每帧再以 JPG 图片格式保存。这种方式比较适合需要录制后对每帧再编辑时使用。

　　同样可以借助其他工具来进行 Google Earth 的电影制作，3.4.5 节将会介绍如何利用 Fraps 软件来录制 AVI、WMV 等视频格式的视频。

3.4.1　影片质量

Google Earth 支持两个级别的影片质量设定。

标准画质：每一步操作都会被完整的记录，影片的帧频取决于显卡的档次。若显卡档次太低，录制电影过程中 Google Earth 的运行速度可能会受到一定程度的影响。

高画质：仅适用于录制 Google Earth 的漫游过程，录制每一帧前都会等待 3D 视图的数据流完全加载，从而获取最高的帧质量。

3.4.2　增加 3D 视图的清晰度

这个要求可以通过设置 3D 视图的 Detail Area 来实现，这个参数设置 3D 视图中有多大的区域显示高清晰的卫图，以像素计，其值越高，3D 视图显示的高清晰区域就会越大，录制出来的影片也就越清晰。若你的显卡有超过 64MB 的显存，则建议将 Detail Area 设为 Large，如果低于 64MB 则建议设为 Medium。

3.4.3　调节漫游的速度

当录制漫游地标的过程时，最好能采用较低的漫游速度，这样才能看清每一点。哪种速度较为合理，因为影响因素太多，所以无法给出确切值，建议重复多录制几遍，然后回放，再确定哪种速度最合适。需要注意在一段影片的录制过程中，漫游的速度都会是一样的，所以若需要在一段影片中使用不同的漫游速度，则必须先录制不同速度下的不同影片片段，然后再在视频编辑软件中将各片段组合。

3.4.4　隐藏或显示 3D 视窗中的显示项

隐藏或显示如导航面板、状态栏、网格或者围绕在地球外围的大气层等辅助项，都可以通过选择【视图】菜单下的相关子菜单来实现。

3.4.5　开始录制

Fraps 是一款显示 3D 游戏帧数（FPS）的小工具，如图 3.16 所示。支持应用 DirectX

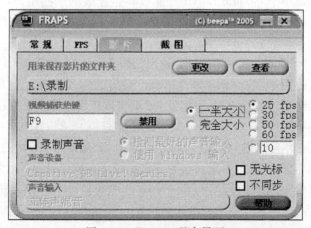

图 3.16　Fraps 工具主界面

和 OpenGL 加速的 3D 游戏，用它就可以轻松了解自己的机器在运行 3D 游戏时的帧数，从而了解机器的 3D 性能，而且还附加了在游戏中截图和抓取游戏视频的实用功能。

　　分别运行 Fraps、Google Earth，在 Fraps 中调整一些相关的设置后，就可以开始录制过程。按下视频捕获热键 F9，开始录制，字体变为红色，录制完毕后文件会生成在设置好的文件夹中。图 3.17 是录制后的视频窗口。

图 3.17　Fraps 录制 Google Earth 视频效果图

3.5　数据导入/导出

3.5.1　导入数据

　　Google Earth 的导入功能仅在其收费版本中提供，为了达到同样目的，可以利用第三方工具将用户自定义的地理数据导入 Google Earth。

1. 导入矢量数据

　　Google Earth 可以导入下面两种矢量数据：MapInfo（TAB）和 ESRI Shape（SHP）。本小节将以 ESRI 公司的 ArcGIS 为例，告诉大家如何将 SHP 文件转换成 KML 格式。具体方法如下：

　　（1）打开 ArcMap 的 ArcToolbox 工具箱，选择 convention tools 下的 Map to KML 或者 Layer to KML 工具将数据转为 KML。如果是 mxd 文件，请选择 Map to KML 工具（注意要使用 ArcGIS 9.3 或以上版本）。如图 3.18 所示。

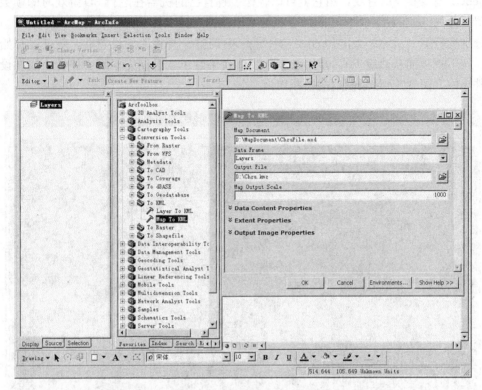

图 3.18　ArcMap 的 ArcToolbox 工具箱 Map to KML

（2）设置你需要的 SHP 文件和 KML 文件路径，并设定转换类型和输出大小，完成转换。在成功导入数据后，可以在位置面板"临时位置"中来查看导入的数据。

2. 使用普通文本文件

除了导入 TAB、SHP 以及一些其他格式的矢量数据以外，还可以使用自己定义的数据，只是目前 Google Earth 只能识别定义在普通文本文件里的"点"数据，该文件需要为每一列命名，且每一列的值与值之间要用逗号、空格或者制表符分割才能被识别。要实现这样的格式，可以借助 Excel 这样的电子表格软件，只是在保存的时候注意保存为 TXT 或者 CSV 文件。

既然是"点"数据，该文件就必须要有一列指定"点"的坐标值，这样被导入的数据才能被显示到 3D 视图上。坐标值可以是一个准确的地址或者是一个 Google Earth 支持的地理坐标。需要注意，在同一个文件不能同时出现表示地址或地理坐标的列。

3. 导入图像

Google Earth 可以接受 GIS 图像和非 GIS 图像。目前 Google Earth 支持的 GIS 图像格式有：TIFF（.tif）、美国国家影像交换格式（.ntf）、Erdas Imagine Images（.img）。

上面这几种格式的图像本身带有坐标信息，所以导入 Google Earth 后，可以自动定位到地球对应的位置，但必须保证导入的图像所包含的坐标信息是正确的。还可以导入另外几种格式的图像，但是这些格式的图像不包含坐标信息，导入后若希望对应到地球上某个位置，需要手动设置才行。

在 Google Earth 打开 GIS 图像，可以选择菜单【文件】→【打开】，或者直接在磁盘上选中 GIS 图像拖放到 Google Earth 里，打开后，Google Earth 会尝试使用 WGS84 坐标格式来自动定位图像对应在地球上的位置。然后，Google Earth 会创建一个 PNG 格式的覆盖图，覆盖图的名称将会和导入的图像文件名称相同，此时可以像调整普通覆盖图一样调整其在【Places】面板下的位置，或更改它的相关属性。

打开时请注意，如果导入的图像尺寸超过 Google Earth 允许的最大尺寸，那么必须缩小或裁剪。Google Earth 允许的最大尺寸和显卡有关，一般 2048 像素×2048 像素的最大尺寸比较普遍，有些较高配置计算机最大可支持到 4096 像素×4096 像素，而有些配置较低的笔记本式计算机则最大只能支持 1024 像素×1024 像素，或者更低。若需要查看你所使用的计算机允许的最大尺寸，请选择菜单【帮助】→【关于 Google Earth】，查看弹出窗口中【纹理最大尺寸】对应的值。

如果导入的图像尺寸超过 Google Earth 允许的最大尺寸，则会弹出一个对话框，提示进行缩小或裁剪，可以进行如下选择。

按比例缩小：这种方法的最大好处就是图像的纵横比例不会变化，但因为图像变小，可能会使图像的某些细节之处表现不佳。

裁剪：这种方式不会削弱图像的分辨率，但不能保留图像的全部，只能取其一部分。当完成了缩小或裁剪后，Google Earth 就会开始定位图像在地球上的位置，如果图像较大，这个过程将持续较长的一段时间，此时会有一个进度条显示，而且在完成之前，可以手动取消这个过程。如果只是普通图像时，并不包含坐标信息，Google Earth 会给一个提示，但不会执行这个步骤。在导入带有坐标信息的 GIS 图像时，Google Earth 不支持 NAD83 的坐标格式。

当导入 GIS 图像后，Google Earth 会临时将其保存在【位置】面板的【临时位置】目录下，可以根据需要将其转移到【我的位置】下，也可以通过右键【另存为…】，将其保存在磁盘上。

3.5.2　导出数据

通过前面的介绍，我们已经深切体会到 Google Earth 是一个很好的展示平台，但是对于 GIS 的分析功能还是要靠专业 GIS 软件。目前网络上已经有很多 Google Earth KML/KMZ 的转换工具，这包括 KML 转换到 MIF、CAD、SHP 等。本小节将以 ESRI 公司的 ArcGIS 为例，告诉大家如何将 KML 文件转换到 SHP 格式。

1. KML2SHP 下载与安装

（1）访问官方网站 www. esri. com，选择 Support 标签，进入 ESRI Support Center 页；选择 Download 标签，在搜索框中输入 KML，即可找到 Convert KML files to Shapefiles 软件，单击下载。如图 3.19 所示。

（2）下载完成后，解压至相应目录，打开 Install Guide. pdf 文件，查看安装方式，完成安装。如图 3.20 所示。

2. KML2SHP 导出数据

（1）安装完成后，在 ArcToolbox 选项中则出现 Convert KML to SHP 工具，双击打开转换程序窗口，输入 KML 文件 SHP 文件路径，并设定转换类型，完成转换（注意：本工

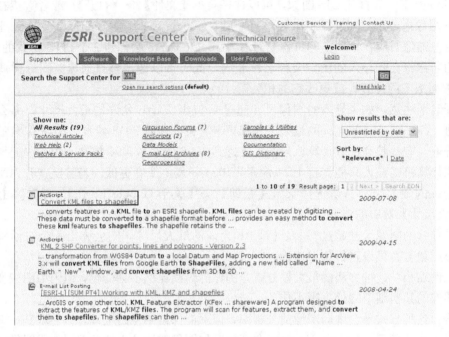

图 3.19　KML2SHP 下载

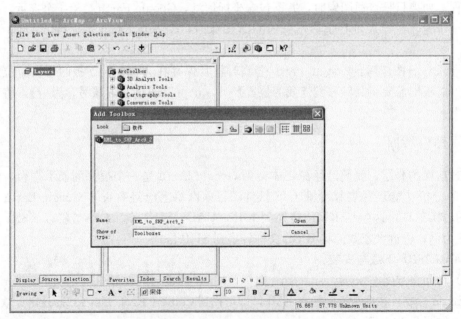

图 3.20　KML2SHP 安装

具不支持中文，所以要将 KML 文件中的中文转成英文）。如图 3.21 所示。

（2）转换完成后，在 ArcMap 中打开显示，同时打开图形属性表，可以查看转换之后的相关 KML 属性值。例如，NAME 列表示了 KML 中地标点的名称，Description 因为在 KML 中没有设定，所以显示是空白的，FOLDER 显示的是原来 KML 的目录结构。如图 3.22 所示。

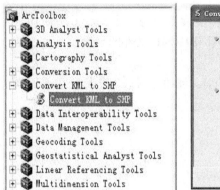

图 3.21　KML2SHP 导出数据过程

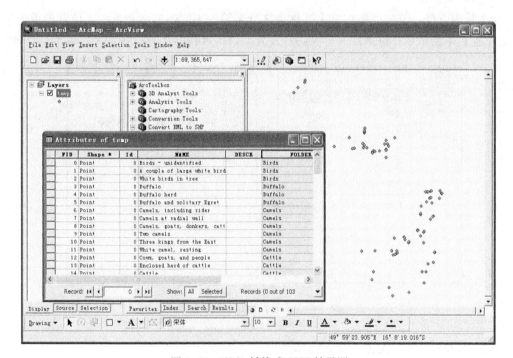

图 3.22　KML 转换成 SHP 结果图

3.6　实例与练习

练习：地标制作

1. 背景

地标是 Google Earth 里很重要的一个概念，简单来说就是标注了 Google Earth 地球里每一个地点。一个地标代表了一个地点，如某一家饭店、某一家超市等，可以用不同的地标来代表它们，方便在 Google Earth 地图里查看、浏览。

2. 目的

通过滁州学院南校区主要建筑的地标制作，使读者熟练掌握 Google Earth 地标制作与编辑的过程与方法，掌握覆盖图的创建过程和 KMZ/KML 文件的导出。

3. 要求

制作与编辑滁州学院南校区主要建筑的地标，叠加滁州学院南校区平面图并导出为 SHP 文件。

4. 数据

滁州学院南校区相关照片及平面图。

5. 操作步骤

1）搜索滁州学院位置

在搜索框中输入"滁州学院"，然后单击🔍搜索按钮，视图即会移动至搜寻结果。

2）添加文件夹

为了管理方便，首先要添加一个文件夹来分类管理不同的地标数据。在位置面板中选择【我的位置】单击鼠标右键添加文件夹，并设置文件夹属性（名称、说明）。如图 3.23 所示。

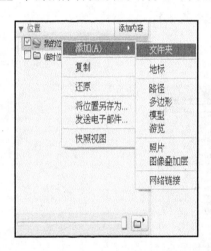

图 3.23　添加"滁州学院南校区"文件夹

3）添加编辑滁州学院主要建筑地标

选择菜单【添加】→【地标】，或者直接在工具条中选择添加地标按钮📍，打开【新增地标】对话框，此时主界面中心位置即会显示定位图标，如图 3.24 所示。可通过鼠标拖拽定位点位图标正确位置，或利用【添加地标】对话框输入新增点位的经纬度坐标进行定位。完成点位图标定位后，可在【添加地标】对话框中进行属性设定（若【添加地标】对话框已经关闭，则在图标点位上，单击鼠标右键，选择属性项可重新打开），可以编辑的属性包括点位名称、说明（支持 HTML 代码）、样式/颜色、视图、海拔高度等。属性编辑完成后，单击【确定】完成添加。当要删除自行加入的点位时，在该地标点位上单击鼠标右键，选择删除，即可删除该点位。

图 3.24　Google Earth 编辑地标 HTML 书写

4）添加编辑滁州学院南校区校园地图叠加

首先在 3D 视图上找到想要创建覆盖图的位置，并且缩放至适当的高度。选择菜单【添加】→【图像叠加层】，或者使用快捷键 Ctrl＋Shift＋O，Google Earth 会弹出覆盖图的编辑框。如图 3.25 所示。

图 3.25　Google Earth 新建图像叠加层

5）数据导出

访问官方网站 www.esri.com，下载 Convert KML files to Shapefiles 软件并安装，在 ArcToolbox 选项中找到 Convert KML to SHP 工具，双击打开转换程序窗口，输入 KML 文件 SHP 文件路径，并设定转换类型，完成转换。如图 3.26 所示。

注意：本工具不支持中文，所以要将 KML 文件中的中文转成英文。

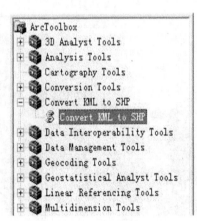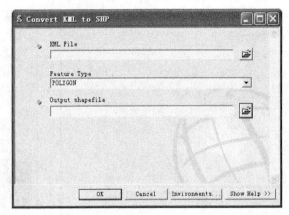

图 3.26　KML2SHP 导出数据过程

　　转换完成后，在 ArcMap 中打开显示，同时打开图形属性表，可以查看转换之后的相关 KML 属性值。例如，Name 列表示了 KML 中地标点的名称，Description 因为在 KML 中没有设定，所以显示是空白的，Folder 显示的是原来 KML 的目录结构。如图 3.27 所示。

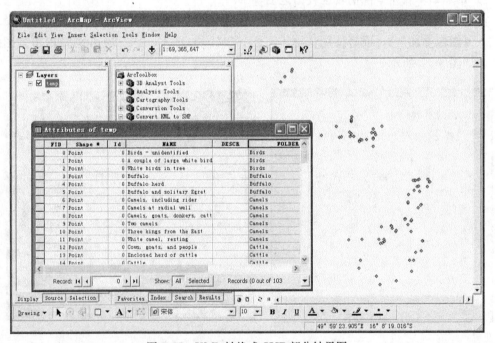

图 3.27　KML 转换成 SHP 部分结果图

第 4 章　Google Earth 应用案例

4.1　我 的 家 乡

4.1.1　背景

Google Earth 几乎为中国所有的省会城市和地级市都提供了清晰的卫星地图，使得中国至少有三分之一的城市人口，可以通过 Google Earth 看到自己家的房顶，以及家门口的小轿车。除了提供免费高精度卫星地图，Google Earth 更有趣的功能是支持用户上传地图标注。这意味着即使 Google 提供一张毫无标注的卫星照片，也能在极短的时间里由互联网用户自行改进成地图，大到街道名称，小到一座居民楼的主人姓名，都能迅速被标注在上面。

4.1.2　目的

综合 Google Earth 基本功能制作介绍"我的家乡旅游"，使读者全面掌握 Google Earth 图层管理、地标制作、录制游览及数据输出等功能应用。

4.1.3　要求

建立标准地标文件，管理"我的家乡"旅游资源及旅游线路，完成"我的家乡旅游"基本专题地图并转换为 SHP 文件。

4.1.4　数据

（1）"我的家乡"旅游景点素材，包括图片、文字、视频等。
（2）Quantum GIS 开源软件。

4.1.5　操作步骤

1. 添加文件夹

为了管理方便，首先要添加一个文件夹来分类管理不同的地标数据。如图 4.1 所示，在位置面板中选择【我的位置】单击鼠标右键添加文件夹，并设置文件夹属性（名称、说明）。

2. 添加地标

下面以滁州市为例，添加滁州主要景点或建筑地标。具体方法如下。

1）利用添加地标工具

选择上一个步骤添加的文件夹，单击鼠标右键添加地标，此时主界面中心位置即会显示定位图标。通过鼠标拖拽定位点位图标正确位置，或利用【添加地标】对话框输入新增点位的经纬度坐标进行定位。

完成点位图标定位后，在【添加地标】对话框中进行属性设定，可以编辑的属性包括点位名称、说明、样式/颜色、视图、海拔高度等，如图 4.2 所示。属性编辑完成后，单击【确定】完成添加。当要删除自行加入的点位时，则于地标点位上单击鼠标右键，选择删除，

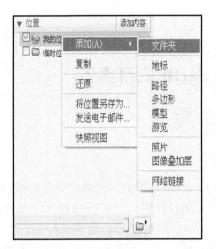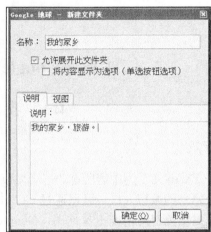

图 4.1　添加"我的家乡"文件夹

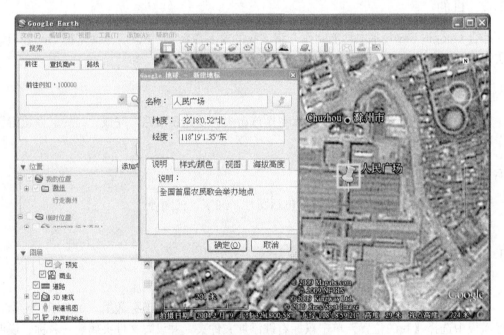

图 4.2　添加"人民广场"地标

即可删除该点位。

2）利用搜索功能，找到地标位置

在搜索框中输入欲搜寻目标，然后单击 🔍 搜索按钮，视图即会移动至搜寻结果。如图 4.3 所示，确定地图上正确的地标位置，单击右键复制，粘贴至已添加文件夹，如搜索"滁州火车站"。

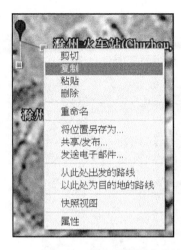

图 4.3　搜索"滁州火车站"地标，保存至我的位置

3. 编辑地标

1）编写说明

地标或目录的"说明"框可以容纳很长的文本，足够写入非常详细的描述内容。

2）更改标签外观

编辑地标或目录时，可以更改【名称】框中文字，或者设置【样式/颜色】选项卡中各参数的值，更改该地标名称和图标显示在视图上的外观。

3）更改图标

创建、编辑地标或目录时，若觉得默认的图标不够美观，可以单击【名称】框右侧的图标按钮 来选择一个新的图标，如图 4.4 所示。

图 4.4　更改"滁州火车站"地标图标

4. 添加路线

选择上一个步骤添加的文件夹，单击鼠标右键添加路径，打开【添加路径】对话框，如图 4.5 所示，此时主界面中心位置即会显示绘制线段工具，绘制上述地标经过的路线。

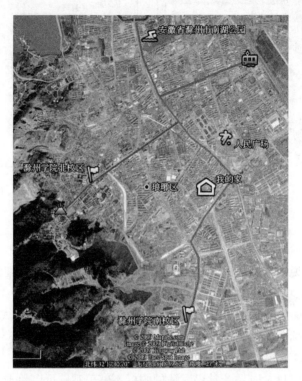

图 4.5　添加"我的家乡"旅游路线

5. 录制游览

路线绘制完毕后，整理文件夹地标先后顺序，在位置面板中单击游览打开游览 🗀 。同时打开工具栏中的录制游览 ☞ 按钮。开始和结束记录，请单击【记录/停止】按钮。向游览添加音频，请单击【音频】按钮。结束记录游览时，它将出现在【位置】面板中，可以播放该游览，或与他人共享。

6. 存储发布

右击文件夹对象，在弹出菜单中选择【将位置另存为】，然后选择磁盘路径，并输入文件名，单击【保存】按钮。保存的文件扩展名默认是 KMZ。

7. 转换输出

前面介绍了利用 KML2SHP 软件进行格式转换，本小节我们利用 Quantum GIS 开源软件（以下简称 QGIS）的 OGR Converter 来进行转换输出。

（1）打开 QGIS 主程序，如图 4.6 所示，选择菜单【Plugins】→【Manage Plugins】，在 QGIS Plugins Manager 窗口中，勾选【OGR Layer Converter】，确定完成。此时【Plugins】下拉菜单中会出现【OGR Converter】工具，选择【Run OGR Layer Converter】。

（2）在打开对话框中选择数据来源的格式、存放位置、输出格式等，单击"OK"完成数据转换（数据来源文件名和路径中不能含有中文）。如图 4.7 所示。

图 4.6　QGIS 转换输出界面

图 4.7　QGIS 输出 KML 为 SHP 格式

4.2　三维校园

4.2.1　背景

利用不同技术和方法建立的虚拟 3D 校园在我国高校已经出现很多，多数是从底层建立地理框架，或者直接用平面模型粗略代替地形建模，费时、费力，建设成本高。以 Google Earth 为代表的数字地球平台的出现，给此类数字工程建设提供了一条更为高效的建设方案。

4.2.2　目的

通过滁州学院南校区 3D 校园模型的构建，熟练掌握 Google Earth 与 Google SketehUp

软件等高级功能应用。

4.2.3　要求

以 Google Earth 为平台，结合 Google SketehUp 的建筑物真实感 3D 建模功能，以滁州学院南校区校园为例，建立校园真实感 3D 模型。

4.2.4　数据

（1）滁州学院主要建筑照片。

（2）Google SketchUp 软件。

4.2.5　操作步骤

1. Google SketchUp 软件安装

Google SketchUp 软件（以下简称 SketchUp）是 Google 官方提供的一款免费的制作软件，是一个极易上手的 3D 建模软件，可以通过它来漫游整个 3D 世界。使用这个简单的工具，还能创建像房屋、楼板甚至是宇宙飞船之类的 3D 模型。创建了这些 3D 模型后，就可以将它们标注在 Google Earth 上，加载到 3D 库里甚至直接打印出来。

（1）下载安装。访问 Google SketchUp 软件 http://sketchup.google.com/intl/zh-CN/中文主页，单击右上角蓝色按钮，在弹出网页中选择"同意协议并下载"，下载 Google SketchUp 免费版。如图 4.8 所示。

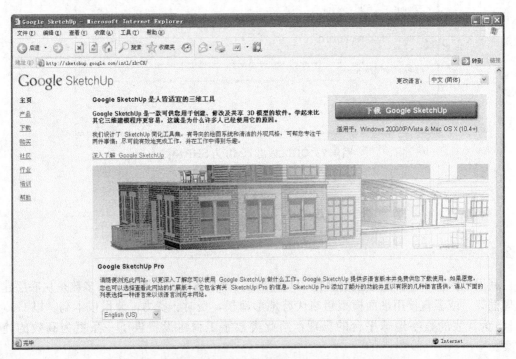

图 4.8　从 Google Earth 网站下载 Google SketchUp 软件

（2）SketchUp 工作界面。如图 4.9 所示，首次启动 SketchUp 时会有学习中心提示，建议不要将其关闭，里面提示的一些使用小技巧还是相当有用处的。打开主界面之后，会看到一个 3D 坐标轴，还有一个简单的人物模型供使用者参考，可以看出 SketchUp 是一款用于建筑建模的软件。

图 4.9　Google SketchUp 软件工作界面

SketchUp 的窗口设计比较简单，提供了方形、圆形、弧线、橡皮擦、标尺、上色、推/拉等工具，下面使用这几个常用的工具完成今天 3D 建筑模型的制作。如果需要精细的去调整建筑模型，SketchUp 还提供了标尺等工具，用于测量模型。

2. 获取影像

之所以说 SketchUp 是一款基于 Google Earth 优化的软件，是因为它提供了将当前 Google Earth 视图加载到 SketchUp、预览模型、上传模型等功能，为了让制作的建筑可以更好地结合 Google Earth 的坐标，需要打开 Google Earth，如图 4.10 所示，将地图拉到所要制作的建筑的位置，此时 Google Earth 上的视图就会以黑白的形式影射在 SketchUp 上了。

需要注意的是，在选取 Google Earth 查看卫星地图上的实景时，需要保持其完整性，从而保证在使用 SketchUp 截取时，不仅可以得到坐标，还可以保持影射图的完整。从地图上影射过来的是黑白图片，如图 4.11 所示。具体操作方法：选择菜单栏【工具列】→【Google Earth】→【获取当前视图】，或者直接单击工具条获取当前视图按钮，同时利用镜头工具调整影像观察最佳位置。

3. 建筑物影像规划

在熟悉了刚刚的操作之后，就需要对制作的建筑进行规划，如图 4.12 所示。制作建筑的第一步是在平面上使用方形工具绘制一个建筑底层，然后使用各种工具进行细微的调整。

4. 生成立体建筑

根据实地建筑特征，利用推/拉工具进行立体成形，如图 4.13 所示。单击工具栏推/拉

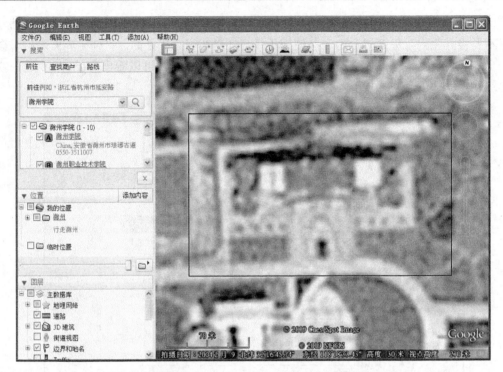

图 4.10　从 Google Earth 上获取"滁州学院教学楼"影像

图 4.11　Google SketchUp 获取 Google Earth 截取影像

按钮 <img>，或选择菜单栏【工具列】→【推拉】。拉伸的时候要注意，因为没有具体地去量建筑的高度，所以需要根据实际情况的比例来操作，以免生成的建筑模型严重变形。

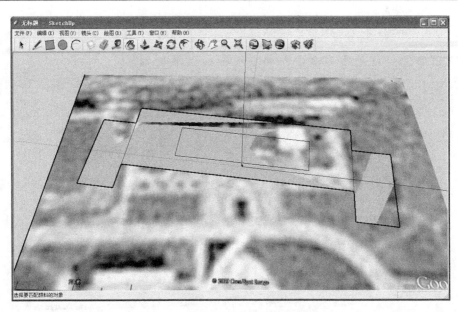

图 4.12　"滁州学院教学楼"影像规划

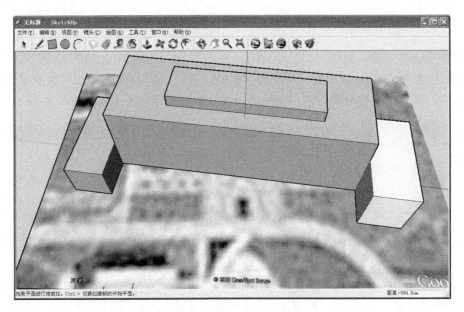

图 4.13　生成教学楼立体建筑

5. 进行细微调整

经过了简单的几个步骤之后，3D 建筑已经基本成形了，一眼看上去有些神似，不过后面的工作才是繁琐的，需要进行大量的调整让建筑看上去更漂亮。

例如，教学楼大门一侧有两根柱子，此时需要用直线工具先将原先已经成形的平面切割开，然后用橡皮擦工具擦掉多余的线，再使用圆形画出柱子的平面，然后拉伸。简单的几步，柱子就呈现在我们眼前，如图 4.14 所示。

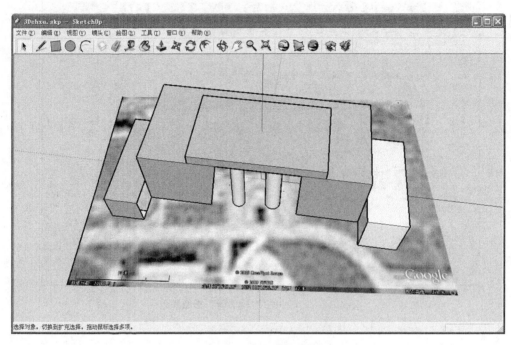

图 4.14　立体影像细微调整

同样利用这些工具，制作大门、窗户等。在制作相同的结构时，可以利用鼠标工具复选，然后复制粘贴。按住 Crtl 键，双击鼠标左键，就可以将当前平面与组构成平面的线段复选进去，这样可以节省许多时间，而不用一个一个地画窗户了，效果如图 4.15 所示。

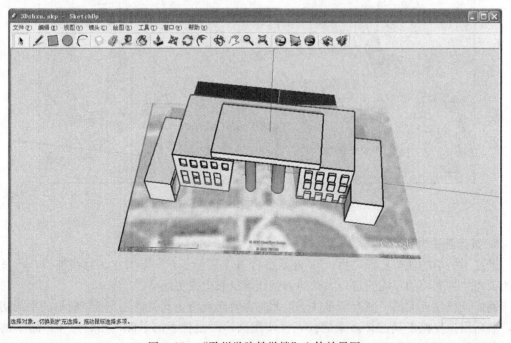

图 4.15　"滁州学院教学楼"立体效果图

当然，还可以利用 SketchUp "匹配照片"功能，添加该建筑的一些照片贴图，从而使教学楼 3D 立体更加逼真美观。

6. 上传至 Google 进行共享

在制作完一个模型之后，可以先使用预览功能，在 Google Earth 上查看一下成果，也可以将它保存为 Google Earth 通用的 KMZ 文件分享给大家。单击菜单栏【工具列】→【Google Earth】→【放置模型】，就可以在 Google Earth 上查看了，如图 4.16 所示。

图 4.16　把立体影像上传至 Google Earth 进行共享

第5章 MapInfo 概述

5.1 MapInfo Professional 简介

MapInfo 是美国 MapInfo 公司的桌面地理信息系统软件,提供地理数据可视化、信息地图化的桌面解决方案。MapInfo 含义是"Mapping ＋ Information(地图＋信息)",即地图对象＋属性数据。它依据地图及其应用的概念,采用办公自动化的操作,融合计算机地图方法,使用地理数据库技术,加入了地理信息系统分析功能,形成了可以为多种行业所用的大众化小型 GIS 软件系统。

MapInfo 公司由四名伦勒理工学院(RPI)学生和一名教授创办于 1986 年。MapInfo 创业者们最初的设想是成立一家导航信息通信公司,但他们后来修改了商业计划,专注于提供桌面地图。2007 年 3 月 22 日,总部位于康涅狄格州的文件管理系统供应商 Pitney Bowes Inc.(PBI)宣布收购 MapInfo Corp.(MAPS),MapInfo 公司更名为 Pitney Bowes MapInfo。

1986 年 MapInfo 公司成立并推出了第一个版本——MapInfo for DOS V1.0 及其开发工具 MapBasic,此后又推出了 DOS 平台的 2.0 和 3.0 版。1995 年底 MapInfo 发布了 MapInfo Professional,这是一个以 Windows 95 和 Windows NT 为平台的桌面地理信息系统。目前的最新版本是 MapInfo Professional 12.0。

经历了近 20 年时间,MapInfo 产品行销 58 个国家和地区,有 22 种语言的版本,超过 30 万个正式用户。该产品在 1990 年后进入中国,经过十几年的发展,已经在诸多领域得到广泛应用。

5.2 MapInfo Professional 软件界面

5.2.1 桌面组成

MapInfo Professional 12.0 桌面主要由主菜单、地图显示窗口、工具栏、快捷菜单等部分组成。如图 5.1 所示。

1. 主菜单

主菜单主要包括文件、编辑、工具、对象、查询、表、选项、地图、窗口、帮助等子菜单。

2. 地图显示窗口

1)缩放工具

地图显示窗口中提供了缩放、平移地图窗口的工具。缩放用于缩小和放大地图;平移用于上下左右移动地图。

除了主工具栏中的常用缩放键,地图窗口的缩放可以使用鼠标滚轮进行缩放,还可以使用键盘上的"－"和"＋"键来缩放:按下"＋"键按照 2 倍因数放大,按下"－"键按照

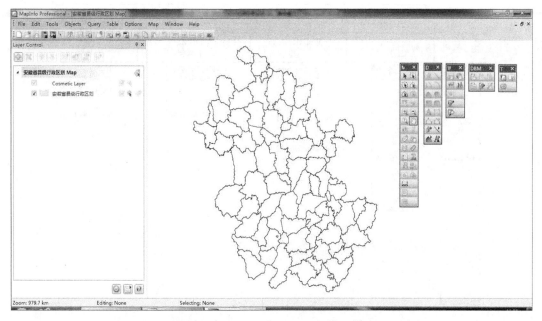

图 5.1　MapInfo Professional 12.0 桌面

0.5 倍因数缩小。

　　平移地图窗口可使用主工具栏中的平移命令按钮，也可以使用滚动条或者上、下、左和右箭头键。

　　2）快捷菜单

　　在地图窗口上单击鼠标右键会弹出如图 5.2 所示的窗口快捷菜单。快捷菜单主要包含图层控制、选择操作、视图操作、编辑对象、打开/关闭自动滚屏、清除装饰图层、获取信息等工具。

3. 工具栏

　　MapInfo Professional 的工具栏包括：常用工具栏、主工具栏、绘图工具栏、Web Services 工具栏、DBMS 工具栏、Tools 工具栏，如图 5.3 所示。工具栏详细介绍参见 5.2.3 节。

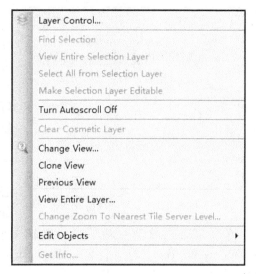

图 5.2　窗口快捷菜单

　　点击并拖放工具栏边框可调整工具栏，拖放标题栏可移动工具栏。将工具栏拖放到主菜单条下可锁定工具栏的位置。工具栏在菜单条下时会改变其外形和位置。鼠标放置在工具栏的背景区域，按住鼠标左键可将工具栏脱离锁定位置，恢复到锁定之前的浮动视图形状。此外，工具栏的显示、隐藏、锁定、浮动等状态可在图 5.4 所示的【Toolbar Options】窗口中设定。

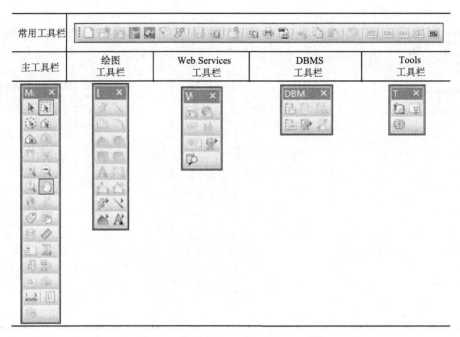

图 5.3   MapInfo Professional 工具栏

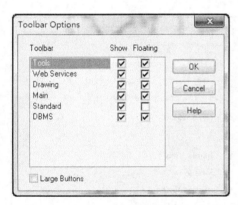

图 5.4   工具栏选项窗口

打开【Toolbar Options】窗口有两种方式：一是通过点击【Options】菜单中的【Toolbars…】命令；二是通过在某个工具栏窗口上单击右键。在打开的【Toolbar Options】窗口中，可对【工具条选项】窗口中的【Show】、 【Floating】、【Large Buttons】等复选按钮进行选择或清除操作。

4. 状态条

状态条通常处于桌面底部，用于显示地图状态、当前可编辑层、被选择对象所属图层等信息，如图 5.5 所示。

（1）状态栏的最左端一栏为地图显示状态，共有四种显示模式，分别为：Zoom（Window Width）（窗口宽度）、Map Scale（地图比例）、Cartographic Scale（制图比例）、Cursor Location（光标位置）。

地图显示状态还可通过运行【Map】菜单下的【Options】命令实现，如图 5.6 中的黑框部分。

（2）状态栏的中间一栏为当前可编辑图层信息栏，用来显示当前处于可编辑状态的图层名信息。

（3）状态栏的右侧一栏显示的是被选中对象所在图层的名称信息，方便用户判别当前对象是否被放置在正确的图层。

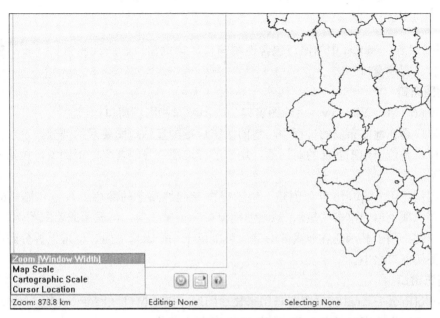

图 5.5　状态栏显示调整

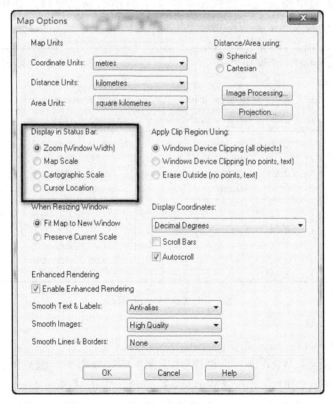

图 5.6　地图选项窗口

5.2.2　主要窗口

MapInfo Professional 中的窗口包含地图窗口、浏览窗口、统计图窗口、布局窗口、重新分区窗口、图例窗口。

1. 地图窗口

地图窗口（Map Window）由地图窗口、附图窗口和图例窗口构成。

附图窗口是在地图布局的过程中与地图主窗口搭配显示地图要素的部分。

图例窗口是位于地图底部的对话框，用于解释地图符号的含义。图例窗口包括专题图例和制图图例。

专题图例：由 MapInfo 自动创建，用于提供专题地图上的颜色、符号和样式的详细信息。通过在选项菜单中单击“显示/隐藏图例窗口”菜单选项，可显示或隐藏图例。

制图图例：用于显示任意地图的图例，可以位于一个窗口之内，也可以拆分到同一地图的若干个图例窗口之中。

2. 浏览窗口

MapInfo Professional 的地图窗口用来显示图形，浏览窗口（Browser Window）用来显示属性表。使用浏览窗口可以查看和编辑属性表中的记录。

在【Window】菜单中，单击【New Browser Window】命令，或者单击常用工具栏中的【New Browser】命令按钮▦，便弹出如图 5.7 所示的浏览窗口。在浏览窗口中可以编辑、删除已有记录，也可以添加新记录。

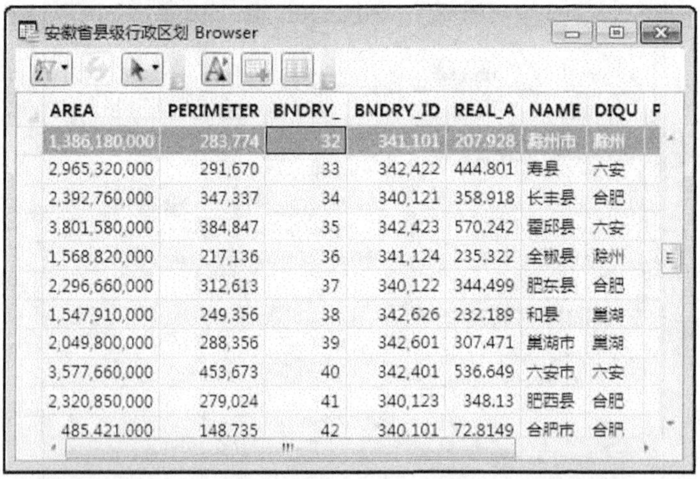

AREA	PERIMETER	BNDRY_	BNDRY_ID	REAL_A	NAME	DIQU	P
1,386,180,000	283,774	32	341,101	207.928	滁州市	滁州	
2,965,320,000	291,670	33	342,422	444.801	寿县	六安	
2,392,760,000	347,337	34	340,121	358.918	长丰县	合肥	
3,801,580,000	384,847	35	342,423	570.242	霍邱县	六安	
1,568,820,000	217,136	36	341,124	235.322	全椒县	滁州	
2,296,660,000	312,613	37	340,122	344.499	肥东县	合肥	
1,547,910,000	249,356	38	342,626	232.189	和县	巢湖	
2,049,800,000	288,356	39	342,601	307.471	巢湖市	巢湖	
3,577,660,000	453,673	40	342,401	536.649	六安市	六安	
2,320,850,000	279,024	41	340,123	348.13	肥西县	合肥	
485,421,000	148,735	42	340,101	72.8149	合肥市	合肥	

图 5.7　【Browser】窗口

3. 统计图窗口

统计图窗口（Graph Window）可创建 3D、条形图、线形图、散点图、气泡图、饼图等多种统计图。创建统计图时，可在【Window】菜单，单击【New Graph Window】命令，或者单击常用工具栏中的【New Graph】命令按钮▦，弹出如图 5.8 所示的【Create Graph】窗口。

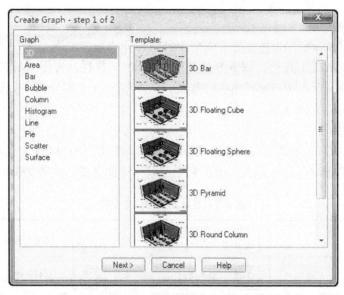

图 5.8　【Create Graph】窗口

在【Create Graph】窗口中需要选择拟创建的统计图的类型，以及使用表中数据创建统计图的条件。有关创建统计图的操作参见第九章内容。

4. 布局窗口

布局窗口（Layout Window）主要用于将地图窗口、浏览窗口、统计图窗口和其他图形对象组合到一个页面，方便进行影像地图或地图打印输出。

5. 重新分区窗口

重新分区窗口（New Redistrict Window）主要用于创建分组的空间信息。分区浏览窗口的外观与 MapInfo Professional 中的其他浏览窗口类似，其实质是一个动态窗口，用于更改数据分组，同时重新计算相关统计值，如图 5.9 所示。

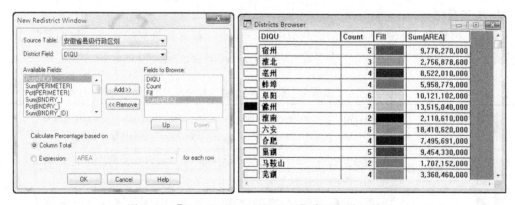

图 5.9　【New Redistrict Window】窗口与分区结果

5.2.3 工具栏

MapInfo Professional 12.0 主要有六个工具栏，分别是：常用工具栏、主工具栏、绘图工具栏、Web Services 工具栏、DBMS 工具栏、Tools 工具栏。常用工具栏、主工具栏中的命令按钮是使用 MapInfo Professional 的基础，在本节对其中部分命令按钮做较详细介绍，其余四个工具栏只做大概介绍。

1. 常用工具栏

常用工具栏共有 17 个按钮，主要是【File】、【Edit】和【Window】菜单中的常用工具，以及快速访问联机帮助的工具。表 5.1 为常用工具栏中命令按钮功能的简要说明。

表 5.1　常用工具栏命令按钮

	新建表		保存工作空间		撤消
	打开表		输出窗口		新建浏览窗口
	打开工作空间		关闭所有文件		新建地图窗口
	必应卫星图		打印窗口		新建统计图
	必应混合鸟瞰图		输出窗口到PDF		新建布局
	必应地图		剪切		新建重新分区
	移动地图到		复制		
	保存表		粘贴		

2. 主工具栏

主工具栏包含用于选择对象、更改地图窗口视图、查询有关对象信息、地图量测、区域裁剪等工具。表 5.2 为主工具栏中各命令按钮功能的简要说明。

表 5.2　主工具栏各命令按钮

	选择	在地图、属性及配置窗口中选取一个或多个对象。按住Shift键，可同时选择多个对象。使用该工具时，需要将所选取对象所在的图层属性设为可选取
	矩形选择	在地图窗口中选取矩形范围内的所有对象。只要选取对象的距心点落在矩形区域内，都会被选取
	半径选择	在地图窗口中选取圆形范围内的所有对象。只要选取对象的距心点落在圆形区域内，都会被选取
	多边形选择	在地图窗口中选取多边形范围内的所有对象

	边界选择	搜寻并选择给定区域内的所有对象
	撤消选择	清除所选的全部对象和记录。其执行的操作和"撤消全部"命令相同
	反选	将当前已选择的对象设为不选择状态，未选择的对象设为选择状态
	属性表选择	从属性表选择相应的记录
	放大	放大地图或布局显示比例尺
	缩小	缩小地图或布局显示比例尺
	改变视图	通过设置地图窗口宽度、地图比例、坐标等信息，重新调整地图窗口显示地图的位置和地图比例尺
	漫游	地图或布局窗口中移动地图对象
	信息	查看与地图对象关联的属性表数据
	热链接	从地图窗口启动链接的对象，例如文件或URL
	标注	将相关对象数据库的信息标注到对象上
	拖动地图窗口	可将 MapInfo Professional 地图拖放到 OLE 容器应用程序中，也可将某个窗口中的图层数据拖放到另一个地图窗口中
	图层控制	设置各个图层在地图窗口中的显示状态
	标尺	量测地图对象间的距离
	显示/隐藏图例	显示与地图或统计图相关联的图例
	显示/隐藏统计窗口	显示或隐藏统计窗口
	设置目标分区	在重新分区会话期间从地图设置目标分区
	分配选定对象	在重新分区会话期间将所选对象分配给目标分区
	裁剪区域开/关	切换裁剪地图和整幅地图的活动关系
	设置裁剪区域	绘制裁剪区域，单击此按钮将保留所选区域对象，删除未选择区域对象
	生成比例尺	在地图窗口中生成比例尺
	显示表单	显示当前已加载的表单

1）边界选择

如图 5.10 所示，在同一地图窗口中加载"安徽省地级行政区划"和"安徽省县级以上行政驻地"文件。

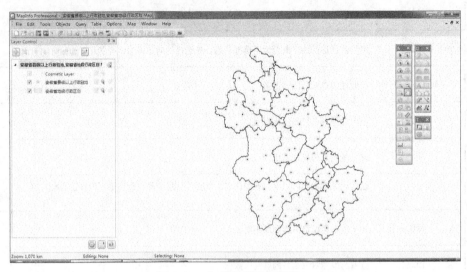

图 5.10　加载数据的地图窗口

如果需要选择属于滁州市地区的县（市）级驻地，点击主工具栏中的边界选择（Boundary Select）按钮，然后用鼠标左键单击滁州市行政区对象，即可筛选出隶属于滁州市的县（市）级驻地点对象，如图 5.11 所示。

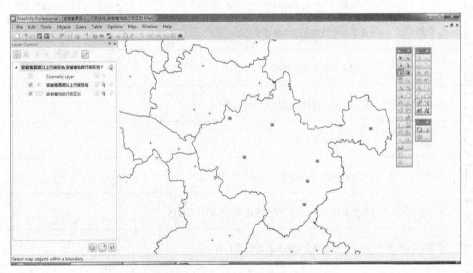

图 5.11　边界选择按钮操作结果

2）改变视图

假设我们已知某点的坐标为（71600，2215000），如果需要直接定位到该地图对象，点击【Change View】按钮，弹出如图 5.12 所示对话框，在窗口中心的 X 参数填写 71600，Y

参数填写 2215000。图 5.12 中的视野（窗口宽度）和地图比例参数框的数值是联动的，只要输入其中一个值，系统会自动计算出另外一个参数框数值。

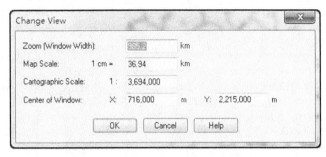

图 5.12　【Change View】窗口设定

3）热链接

热链接（HotLink）就是把某个网站、图片、多媒体文件（WAV、AVI）、文档文件（DOC、PPT、XLS）、TAB 文件、Word 文件、HTML、图像地图等和 MapInfo 的对象或标注建立链接关系，此后只要先点击热链接工具，再点击 MapInfo 对象，便可启动或打开所链接的对象。

热链接的建立过程为：点击地图窗口左侧【Layer Control】窗口中的【HotLink Options】按钮，如图 5.13 所示。选中"安徽省地级行政区划"图层，单击【HotLink Options】按钮，弹出"安徽省地级行政区划"热链接窗口，如图 5.14 所示。

图 5.13　【Layer Control】窗口

图 5.14 窗口中的【Filename Expression】中的"DIQU"为表图层"安徽省地级行政区划"一个字段的名称，该字段中存放了安徽省各地级行政区对象的名称，如滁州市行政区的名称在"NAME"字段中存放为"滁州市"，"＋"起到连接符的作用，后面的".ppt"代表要链接到的文件的格式。选中【File locations are relative to table location】复选框，代表要链接的文件和地图文件的存放路径相同。设置好【Filename Expression】和相关参数，单击【Add】按钮，完成一个热链接设置。完成所有窗口参数后，单击【OK】。

将制作好的所有热链接文件放置在与"安徽省地级行政区划"表文件相同路径下，文件名必须与图 5.14【Filename Expression】的解析结果一致，如本例中的文件名为"滁州

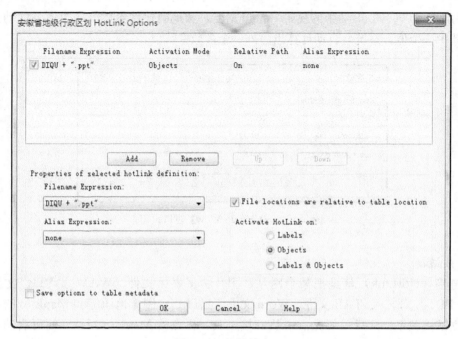

图 5.14　热链接窗口

市.ppt"。随后在主工具栏中单击【热链接】按钮，然后用鼠标左键单击地图窗口中的滁州市行政区对象，便会自动打开"滁州市.ppt"。

4）拖动地图窗口

使用拖动按钮工具可以将整个 MapInfo 地图窗口拖动到 OLE 容器应用程序中，例如 Microsoft Word 或 Microsoft Excel。首先打开加载"安徽省地级行政区划"表文件的地图窗口，同时打开一个 Word 文档，如图 5.15 所示。

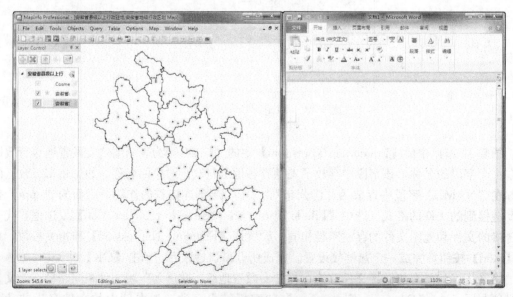

图 5.15　地图窗口和 word 文档窗口

点击主工具栏中的【Drag Map Window】按钮，在地图窗口中点击鼠标左键按住不放，鼠标向右拖动至 Word 文档窗口中松开，地图影像便嵌入到该 Word 文档中，如图 5.16 所示。

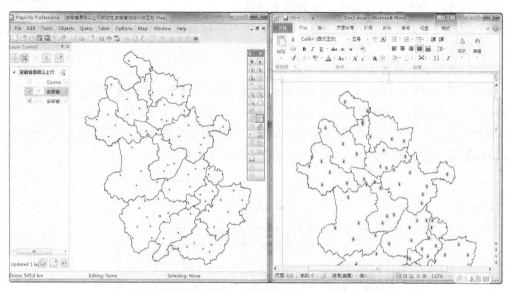

图 5.16　将地图窗口拖动到 word 窗口中结果

除了以上操作，拖动地图窗口还能实现两个地图窗口之间的操作，也就是将地图窗口中的内容复制到另一个地图窗口中，其效果等同于执行【Edit】→【Copy Map Window】，然后在适当的应用中执行【Edit】→【Paste】命令。

5）图层控制

在同一地图窗口中加载"安徽省地级行政区划"、"安徽省县级以上行政驻地"表文件。点击【Layer Control】工具，打开如图 5.17 所示的图层控制对话框。

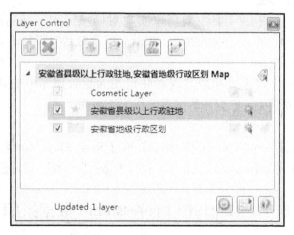

图 5.17　【Layer Control】窗口

在图层控制对话框中进行以下操作，并注意观察地图窗口的变化：

（1）删除一个图层。

（2）增加一个图层。

（3）将"安徽省地级行政区划"图层移到最上层，观察地图窗口的变化。

（4）改变图层可显示功能项、可编辑功能项。

（5）选择"安徽省地级行政区划"图层，单击鼠标右键，在菜单中单击【Layer Properties...】命令。

6）显示/隐藏统计窗口

使用【Show/Hide Statistics】工具可以显示或关闭【Statistics】窗口。该窗口显示当前选中对象/记录数，以及所有数值字段的总和与平均值。当改变被选中的记录时，统计窗口将会自动更新上述信息。如选择滁州、巢湖、马鞍山三市的地图对象，点击【Show/Hide Statistics】按钮，将显示如图 5.18 所示的【Statistics】窗口。

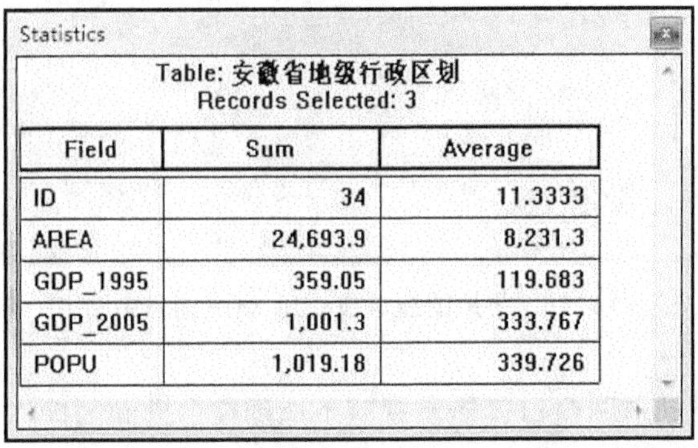

Table: 安徽省地级行政区划 Records Selected: 3		
Field	Sum	Average
ID	34	11.3333
AREA	24,693.9	8,231.3
GDP_1995	359.05	119.683
GDP_2005	1,001.3	333.767
POPU	1,019.18	339.726

图 5.18　【Statistics】窗口

3. 绘图工具栏

绘图工具栏（Drawing）中的工具主要用来绘制点、线、面等图形要素，以及利用文本要素构建标注图层，并对图形对象进行编辑。

4. Web Services 工具栏

Web Services 工具栏中的工具主要用来实现对局域网和互联网的联接访问，实现对 Web 地图服务（WMS）、Web 要素服务（WFS），以及对其他服务器的访问与操作。

5. DBMS 工具栏

DBMS 工具栏中的工具主要用来实现对驻留在远程数据库中的数据表的访问与操作。DBMS 工具只在已经安装关系数据库管理器的情况下可用。

6. Tools 工具栏

Tools 工具栏包含【Run MapBasic Program】和【Show/Hide MapBasic Window】按钮。该工具栏中的命令按钮并非默认存在，可通过工具管理器控制 Tools 工具栏中命令按钮的显示。

5.3　MapInfo Professional 数据组织

5.3.1　地图文件管理

1. 新建表

MapInfo 采用表文件管理数据表或地图对象。在 MapInfo Professional 中创建新表，需要执行以下操作：

（1）单击【File】→【New Table】命令，弹出图 5.19 所示的【New Table】窗口。

（2）完成相关参数设置，然后点击【Create…】按钮，弹出图 5.20 所示的【New Table Structure】窗口。

图 5.19　【New Table】窗口

图 5.20　【New Table Structure】窗口

（3）在【New Table Structure】窗口中定义表的结构，建立字段并确定字段的名称、类型及是否需要建立索引。当数据量较大时，建立索引可提高数据检索效率，使查询过程更为快捷。定义完所有所需的字段后，单击【Create…】按钮，弹出图 5.21 所示的【Create New Table】窗口。

图 5.21　【Create New Table】窗口

（4）在【Create New Table】窗口中选择表的输出路径，并设定文件名和保存类型，单击【保存】按钮，完成表的创建。

2. 打开地图文件

打开本地地图文件，需要执行以下操作。

（1）如果当前位于【Quick Start】窗口（启动 MapInfo Professional 之后看到的第一个对话框），可选择【Open a Table】选项钮，如图 5.22 所示。否则需要在【File】菜单下单击【Open】，打开图 5.23 所示的【Open】对话框。

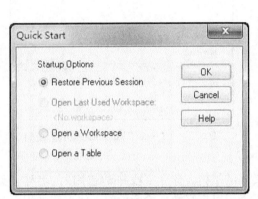

图 5.22　【Quick Start】窗口　　　　　　　图 5.23　【Open】窗口

（2）在【文件类型】下拉列表来选择数据类型，从【Preferred View】下拉列表中选择所需的数据视图。数据视图类型包括：

Automatic：MapInfo Professional 选择最适当的视图。如果要打开的表可以地图化，系统将自动在当前地图窗口中打开该表；如果数据不可地图化，系统将尝试在浏览窗口中打开该表；如果表不能地图化或浏览，系统将使用【No View】选项来打开该表。

Browser：尝试在浏览窗口中打开表。

Current Mapper：尝试将数据添加到当前地图窗口。

New Mapper：尝试在新的地图窗口中打开表。

No View：打开表，但不显示数据。

3. 表维护

在 MapInfo 中的表可以被分为两类：数据表和栅格表。数据表由行和列组成，其中行是地理特征或事件信息的实际记录，一行代表一条记录；列是表字段信息，描述的是地理特征或事件属性值的名称、类型等信息，如图 5.24 所示。

栅格表与数据表不同，它只是一幅能在 MapInfo 窗口显示的图像，并不包含记录、字段等信息。

在 MapInfo 中的表，多数是指数据表或与图形相结合的数据表。当创建一个 MapInfo

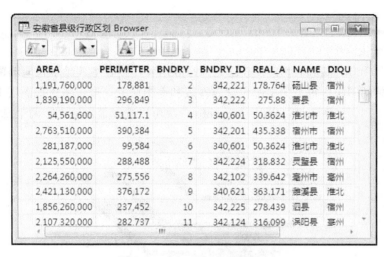

图 5.24　MapInfo 中的数据表

表以后，将会产生以下五个文件：

文件扩展名 .tab：表结构文件，定义了数据的表结构，例如表的字段名、字段类型、字段宽度等。

文件扩展名 .map：图形对象与数据相关联的文件。有了这个文件，当用户从地图上查询一个地图对象时，就可以容易地查到与之关联的属性信息。

文件扩展名 .dat：属性数据文件，包含数据的属性等数据。

文件扩展名 .id：交叉索引文件，其作用就是将图形对象和数据连接在一起。

文件扩展名 .ind：索引文件，在 MapInfo 中并非必需的，用户只有在数据库中规定了索引字段以后，才能生成索引文件。

1）修改表结构

如果需要增加或删除字段，修改字段的长度和类型等编辑表结构的操作，可应用菜单中的【Table】→【Maintenance】→【Table Structure】命令。

2）紧缩表

应用菜单中的【Table】→【Maintenance】→【Pack Table】命令，该命令将从磁盘中移除数据表中被标识为删除的记录，以减少数据的磁盘占有量。

3）重新命名表

MapInfo 表包括多个文件，为此 MapInfo 提供【Table】→【Maintenance】→【Rename Table】命令，以保证表结构中的所有相关文件都被重新命名。

4）删除表

应用菜单中的【Table】→【Maintenance】→【Delete Table】命令，一次性彻底删除表中的多个文件。

需要注意的是，每次进行表维护操作后，修改后的表会从当前窗口删除，如有需要必须重新添加该表。

5.3.2　图层和对象

1. 图层的含义

在 MapInfo Professional 中，一般是先打开数据表，然后将其显示在地图窗口中。每个表均显示为单独的图层，每个图层都包含属性表和地图对象。通过将这些图层上下堆叠，即可构建完整的地图，如图 5.25 所示。MapInfo 一次可以选择显示一个、两个或多个表图层。

图 5.25　图层堆叠示意

图层是构成 MapInfo Professional 地图的基础模块。在创建图层之后，可以采用多种方式对图层进行自定义、增减、排序等操作。

2. 图层管理

【Layer Control】是进行 MapInfo 图层管理的主要工具。【Layer Control】对话框显示了构成当前地图窗口的所有图层是否处于可视、可编辑、可选、自动标注等状态。有关应用【Layer Control】对图层进行管理的内容，可参考 5.2.3 节工具栏中的"图层控制"部分。

3. 图层顺序

图层按照其在【Layer Control】对话框中排列的顺序显示，图层顺序的正确设置是一个图层要素完整显示的先决条件，因此保持正确的图层顺序很重要。

例如，当一个点图层处于面层下方时，点图层的要素会被面图层覆盖，即便在【Layer Control】窗口中将该图层设置为可视状态，在地图窗口中也看不见点图层要素。调整图层顺序的方法是在【Layer Control】对话框中，上下移动图层位置来设定图层顺序。

此外，图层顺序在使用选择工具的时候也很重要。选择工具从最顶部的可选图层选择对象。

装饰图层始终是最顶部的图层，重排对其不起作用，不能将其他图层移动到装饰图层之上。

4. 装饰图层

MapInfo Professional 中的每个地图窗口都有一个装饰图层。装饰图层可视为位于其他图层顶部的空白透明图层。该图层主要存储地图标题，以及在工作会话期间创建的其他图形对象。装饰图层始终是地图最顶部的图层，该图层既不能移除，也不能重新排序，且只能设定为可编辑或可选。

1）清除装饰对象

从装饰图层清除对象，除了利用 delete 键删除对象之外，还可通过执行【Map】菜单中的【Clear Cosmetic Layer】命令，实现对装饰图层中对象的清除。

2）保存装饰对象

在关闭地图窗口时，MapInfo Professional 并未在装饰图层中自动保存对象。要保存在
装饰图层上绘制的对象，必须将装饰图层中的对
象保存到工作空间或保存到表。将装饰图层的内
容保存到工作空间，需要执行【File】菜单中的
【Save Workspace】命令。

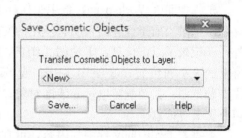

　　将装饰图层的内容保存到表，需要执行以下
操作：在【Map】菜单中，单击【Save Cosmetic
Objects】命令，打开图 5.26 所示的【Save Cos-
metic Objects】窗口。从【Transfer Cosmetic Ob-

图 5.26　【Save Cosmetic Objects】窗口

jects to layer】下拉列表中选择要将对象传送到的图层，单击【Save】完成保存操作。如果
选择【New】，单击【Save】时则会弹出【Save Objects to Table】窗口，要求输入新表的名
称和保存路径。

5. 对象

对象是构成图层的基础，MapInfo 共有五种基本对象类型。

区域：特指覆盖给定区域的闭合对象，包括多边形、椭圆和矩形，如行政边界、水域边
界等。

点对象：表示数据的单一位置。如居民点位置、加油站位置等。

线对象：包括直线、折线和弧线等，如街道、河流和电力线路等。

文本对象：特指用于说明地图或其他对象的文本，如标注、标题等。

集合对象：特指区域、直线和多点对象的组合。

在存储地图对象的表文件中，地图对象和记录是一一对应的关系，如图 5.27 所示。

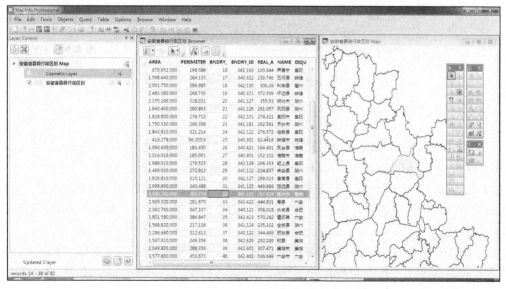

图 5.27　地图对象和记录

5.3.3　工作空间

工作空间（Workspace）是用于保存表、窗口和窗口位置状态信息的文件。工作空间文件除了记录当前工作界面中所有使用的文件、打开的窗口及位置、MapInfo 环境设置等信息外，还记录了以下信息：①地图、浏览、统计图、3DMap 和布局等窗口状态，包括其在屏幕上的大小和位置；②使用 Select 或 SQL Select 语句查询从基表创建的表；③统计图；④专题地图；⑤图例窗口；⑥装饰对象；⑦标注；⑧用于显示对象的字体样式、符号、线和填充图案等信息。

要查看工作空间文件中的内容，可在 MapInfo Professional 中打开 .WOR 文件。此外，可以使用工作空间打包工具创建当前工作空间的副本，并将所有由工作空间引用的数据复制到同一文件夹中。使用此工具，工作空间将采用内部引用来查找数据和 .tab 文件，以便无论该文件移动到何处，即使是移动另一台计算机，也可以打开这一工作空间。

工作空间打包操作步骤如下：

（1）点击【Tools】菜单中的【Tool Manager】命令，打开【Tool Manager】窗口，并选中与【Workspace Packager】工具对应的复选框，如图 5.28 所示。

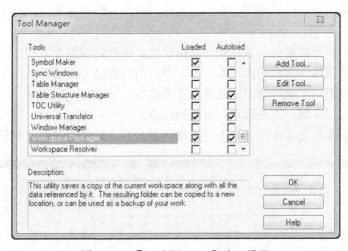

图 5.28　【Tool Manager】窗口设置

（2）设置完毕，单击【OK】按钮，点击【Tools】菜单，会发现【Workspace Packager】工具已经出现在【Tools】下拉菜单中，如图 5.29 所示。

（3）【Workspace Packager】工具栏中的【Package Current Workspace】命令，是将当前工作空间及其所涉及的文件进行打包。点击该命令，会弹出打包当前工作空间对话框，如图 5.30 所示。

（4）【Workspace Packager】工具栏中的【Choose Workspaces to Package】命令，是将已经保存到磁盘上的工作空间及其所涉及的文件进行打包。点击该命令，会弹出选择工作空间打包对话框，如图 5.31 所示。

（5）单击【Add】按钮添加工作空间文件，点击【OK】按钮进入下一步设置，如图 5.32 所示。

图 5.29　【Workspace Packager】工具栏

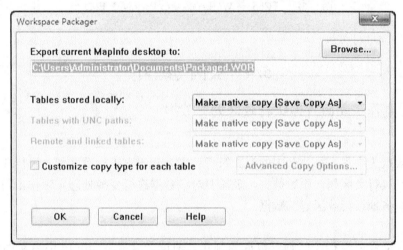

图 5.30　【Workspace Packager】窗口

图 5.31　【Choose Workspaces to Package】窗口 1

（6）单击【OK】按钮完成选择工作空间打包。

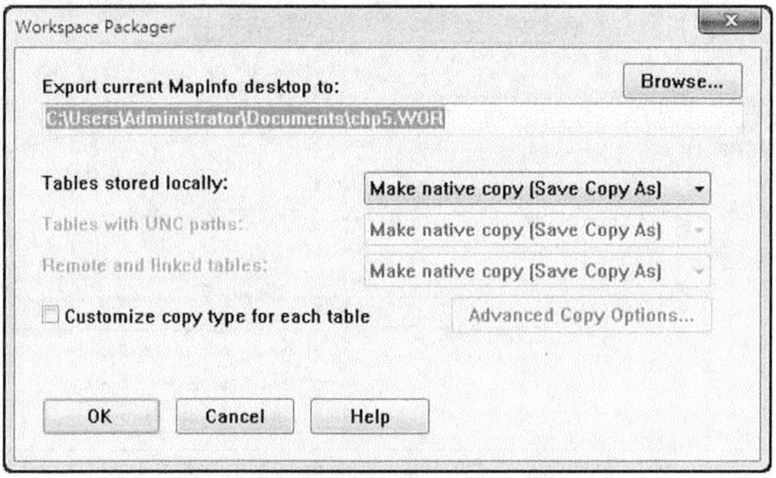

图 5.32 　【Choose Workspaces to Package】窗口 2

5.4 实例与练习

练习：制作"安徽省地级行政区划"数据

1. 背景

地级行政区为中华人民共和国的第二级行政区，介于省级行政区与县级行政区之间。现有"安徽省县级行政区划"原始数据，现需要对该数据进行变换处理，制作出符合 MapInfo 要求的"安徽省地级行政区划"数据。

2. 目的

通过"安徽省地级行政区划"数据的制作，使读者掌握 MapInfo 中表文件的加载、图层控制、数据编辑，以及常用工具的应用技巧，加深对图层、对象、窗口等概念的理解。

3. 要求

备份原有数据，把属于同一地级行政区的图形对象合并，将县级行政区划处理成地级行政区划，结果表文件中仅需含有"AREA""NAME""POPULATION"三个字段。

4. 数据

TAB 格式的"安徽省县级行政区划"数据。

5. 操作步骤

1）打开"安徽省县级行政区划"

在 MapInfo 的常用工具条中单击【Open】 按钮，加载打开"安徽省县级行政区划"表文件。

2）另存表文件

单击【File】菜单中的【Save Copy As】命令，在弹出的【Save Copy As】窗口中设定文件保存的位置，将文件名设定为"安徽省地级行政区划"，单击【Save】。

加载"安徽省地级行政区划"表文件到当前地图窗口，单击【File】菜单中的【Close Table】命令，在弹出的【Close Table】对话框中选中"安徽省县级行政区划"，单击【Close】按钮。

3）重新分区操作

单击常用工具条中的【New Redistrict】命令按钮▦，完成【New Redistrict】窗口的参数设定，如图 5.33 所示。单击【OK】按钮完成重新分区操作。

图 5.33　　【New Redistrict Window】窗口

4）编辑"安徽省县级行政区划"表文件

打开【Layer Control】窗口，将"安徽省地级行政区划"表设定为可编辑状态，如图 5.34 所示。

图 5.34　图层可编辑状态的设定

应用【Main】工具条中的【Select】或【Polygon Select】等功能键选中某一地区的所有图形对象，如图 5.35 所示。

单击鼠标右键，点击弹出的快捷菜单【Edit Objects】下的【Combine】命令，打开【Data Aggregation】窗口，并完成参数设定，如图 5.36 所示。

重复以上操作，直到将所有地区的图形对象合并完毕。

5）保存表文件

6）编辑表的字段

单击【Table】→【Maintenance】→【Table Structure】命令，在【Modify Table Structure】对话框中删除不需要的字段，单击【OK】按钮完成编辑。

思考：是否存在更为简单的方法完成该实验？请尝试寻找这些方法。

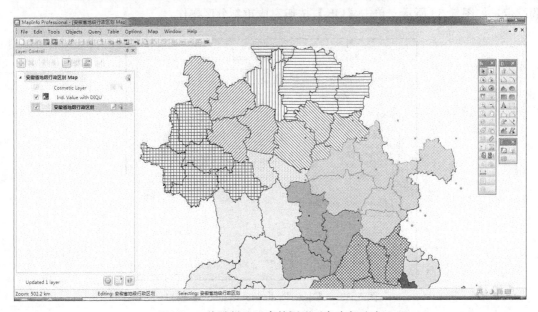

图 5.35　将滁州地区内的图形对象全部选中

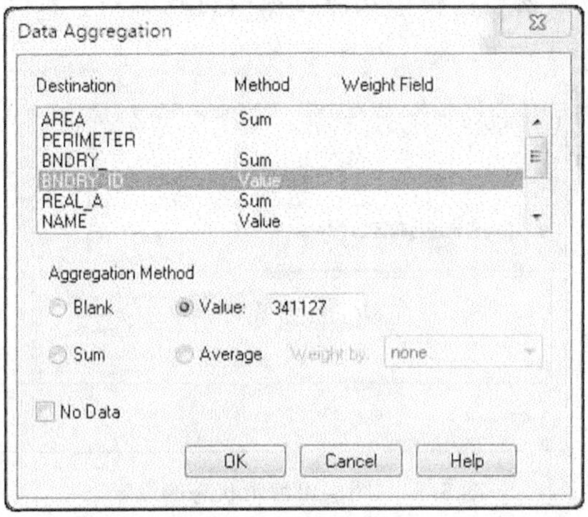

图 5.36　【Data Aggregation】窗口设定

第 6 章　地图数据编辑

6.1　配准栅格图像

使用栅格图像文件，可将卫星照片、航空像片、纸质地图和其他图形图像引入到 MapInfo Professional 中。很多栅格图像不具有正确的坐标系统和投影，需要通过栅格图像配准操作，使其具有正确的坐标系统和投影，才能应用该图像进行量测、统计以及和其他数据进行拼接等操作。栅格图像配准就是指通过一系列操作，使栅格图像具有正确的投影和坐标系统的过程。栅格图像配准操作可通过以下两种方式完成。

1. 先打开后配准

在 MapInfo Professional 中，打开未配准的栅格图像，将其显示在地图窗口，然后开始手动配准。具体操作为：

（1）在文件菜单中单击【打开】，在【文件类型】下拉列表中选择栅格图像。

（2）选择要打开的文件，然后单击【打开】按钮。此时将显示图 6.1 所示的对话框，提示用户确认是否显示未配准的图像。

（3）单击【Display】命令按钮，在地图窗口中显示该图像。此时，MapInfo Professional 自动会为图像创建一个 TAB 文件，并使用虚配准点定位图像。自动生成的 TAB 文件与图像放置在同一文件中。

（4）启动图像配准窗口。点击【Table】→【Raster】→【Modify Image Registration】命令，弹出图 6.2 所示的【Image Registration】窗口。

（5）编辑控制点。在编辑控制点之前需要确定输入坐标的单位。单击【Units】按钮，弹出图 6.3 所示的【Units】窗口。

图 6.1　栅格图像配准提示窗口

MapInfo Professional 系统默认的单位为 feet（英尺）。如果输入的控制点坐标单位为度，则还需要为图像设定投影。单击【Projection】按钮，此时会弹出图 6.4 所示的【Choose Projection】窗口。

设置完投影，单击【OK】按钮。下一步可以开始对控制点的编辑。

先删除虚拟控制点，在地图相应位置点击增加控制点，此时会弹出图 6.5 所示的【Edit Control Point】窗口。

其中，标号一栏为控制点的编号，每当新增控制点时，系统会自动为控制点编号。地图 X、地图 Y 栏分别存放 X 坐标、Y 坐标，或者是在地图 X 栏输入经度，在地图 Y 栏输入纬度。

如果图像本身没有经纬网，可借助具有正确坐标的地图，通过采集同名点的方法获取控制点坐标。操作过程如下：

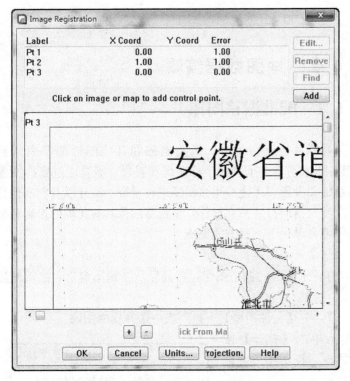

图 6.2　【Image Registration】窗口

图 6.3　【Units】窗口

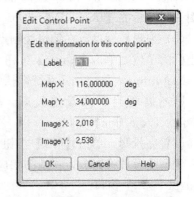

图 6.4　【Choose Projection】窗口　　　　　　图 6.5　【Edit Control Point】窗口

　　把鼠标光标移到对话框下半段的预览图像上，并移到一个能在矢量图上找到对应点的显著特征（例如，同一道路交叉口），再单击鼠标左键。显示【Edit Control Point】对话框，单击【OK】按钮，不要关闭图像配准对话框。选择菜单【Table】→【Raster】→【Select

Control Point from Map】命令。在矢量图中找到与栅格图像中对应的点，并点击左键，【Edit Control Point】对话框出现，其中显示出单击此点在地图中的经度/纬度坐标值，点击【OK】。此时图像配准上部的【Map X】和【Map Y】域中的 Pt1 的 X、Y 坐标值就会被赋予正确值。选择【Cancel】按钮，则撤消对该控制点的选中。控制点的误差值越小，表明配准的越准确。

　　通常情况下，需要输入或采集 4 个控制点，也可以输 5~6 个控制点或更多，但也不是越多越好，控制点的位置最好是均匀散布在图像中。在图像配准过程中，如果同时进行图像纠正功能，此时不可选择经纬格网点（用经纬度作为 X、Y 坐标）作为控制点。

　　使用"+"和"-"按钮可以放缩栅格图像，方便高精度定位控制点。如果在配准图像上难于定位到已录入的控制点，可单击图像配准列表中的控制点条目，然后单击【Find】按钮，则可快速定位到该控制点。

　　完成控制点输入后，单击【OK】按钮。

2. 先配准后打开

　　栅格图像的先配准后打开与 6.1.2 节"先打开后配准"的区别仅在于在栅格图像配准提示窗口中命令按钮的选择上，如图 6.6 所示。

　　如果先对栅格图像进行配准，则点击【Register】按钮，弹出【Image Registration】窗口。由于栅格图像先配准后打开，所以在弹出的【Image Registration】窗口中并没有虚拟控制点。此时，按照前述的"编辑控制点"的步骤进行操作，完成配准。

图 6.6　栅格图像配准提示窗口

6.2　绘制矢量地图

6.2.1　绘图工具

　　MapInfo Professional 拥有全套绘图工具和编辑命令。使用这些工具可以绘制和编辑地图对象，自定义地图上的颜色、填充图案、线型、符号和文本，以及对绘制的地图对象执行地理分析等。只有对象所在的图层处于可编辑状态时，才能绘制和编辑地图对象。表 2.1 是绘图工具栏命令按钮的简介。

表 6.1　绘图工具栏命令按钮

图标	名称	功能
符号	符号	创建点标记
直线	直线	绘制直线（街道、管道、线缆）。在使用线工具的同时按住 Shift 键，可绘制水平线、垂线或 45°线。请注意，区域或边界四周的边框不属于线。因此，如果使用线工具来绘制方形，MapInfo Professional 不会将方形识别为区域

续表

图标	名称	功能
	折线	绘制线对象，与多边形工具类似，可以对折线进行整形和平滑化（用曲线替换角）。这两个选项都可用于用线工具绘制的对象
	圆弧	绘制圆弧，使用时需要同时按住 Shift 键
	多边形	创建区域，也可以针对区域执行更多的编辑功能，如合并和整形
	椭圆	椭圆是以单击的点为中心向外绘制而来的。如果要绘制圆形，需要在拖动椭圆光标的同时按住 Shift 键。如果要从某个"角"开始绘制椭圆（或圆），需要同时按住 Ctrl 键
	矩形	如果要绘制方形，使用时需要同时按住 Shift 键。如果要以当前点为中心绘制矩形，需要同时按住 Ctrl 键
	圆角矩形	如果要绘制圆角方形，使用时需要同时按住 Shift 键。如果要以当前点为中心绘制圆角矩形，需要同时按住 Ctrl 键
	文本	定义字体、磅值和旋转角度
	框架	在布局中创建框架。框架可以显示地图、统计图、浏览窗口、地图图例、统计图图例、信息窗口等
	整形	当要添加、删除或移动可编辑图层中的节点时，使用此按钮可以切换到整形模式或退出整形模式
	增加节点	在对象上增加节点
	符号样式	显示【Symbol Style】对话框，在此改变所选符号对象的符号类型、颜色和大小，或为未来的对象设置新的缺省值
	线样式	显示【Line Style】对话框，在此改变所选线对象的颜色、宽度和类型，或为未来的对象设置新的缺省值
	区域样式	显示【Region Style】对话框，在此改变所选区域对象的填充图案和边框或为未来的对象设置新的缺省值
	文本样式	显示【Text Style】对话框，在此改变所选文本的字体、字号、颜色和属性，或为未来的文本和标注设置新的缺省值

6.2.2　绘制对象

使用绘图工具，可以在地图上绘制点、线、面等地图要素，并可对这些地图对象添加文本标注。此外，在绘制对象的过程中，通过按 Backspace 键，可以删除对象的最后一个节点。如果对象中只有一个节点，则将不会删除该节点。

1. 绘制符号对象

符号对象即图层中的点要素。绘制符号时，首先需要将绘制符号的图层设为可编辑状态，然后选择符号工具，将光标放在符号将要所在的位置，单击鼠标左键。此时将使用缺省符号样式显示符号。要更改地图上的符号样式，需要执行以下操作：

（1）用选择工具选择目标点要素。

（2）单击【Symbol Style】按钮，或者单击【Option】→【Symbol Style】命令，弹出图 6.7 所示的【Symbol Style】窗口。【Symbol Style】窗口中的选项内容，会随着图像大小和复杂性发生改变。在【Symbol Style】窗口中可以更改符号类型、字体、颜色和大小，以及创建符号的背景效果。

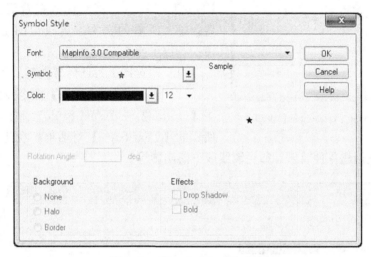

图 6.7　【Symbol Style】窗口

2. 绘制线对象和面对象

绘制线对象和面对象的常用工具为【Polyline】和【Polygon】命令按钮。

使用多边形工具绘制面对象，在绘制最后一条边时，双击鼠标左键或者按 Esc 键，MapInfo 将自动绘制一条边将图形封闭。

在使用多边形工具绘制面对象的过程中，通常需要打开节点捕捉功能，以保证两个图斑公共边线是同一条线。节点捕捉的操作过程为：

1）激活节点捕捉

按键盘上的"S"键，激活节点捕捉模式，以便准确捕捉到已有节点。如果状态条中显示出 SNAP，表明节点捕捉模式是活动的，此时，当光标靠近已知节点时，光标会变成大"十"字光标，如图 6.8 所示。

2）节点捕捉设置

执行【Option】菜单中的【Preferences】命令，显示【Preferences】对话框，单击【Map Window】命令，弹出【Map Preferences】窗口，如图 6.9 所示。

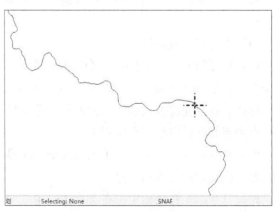

图 6.8　节点捕捉状态

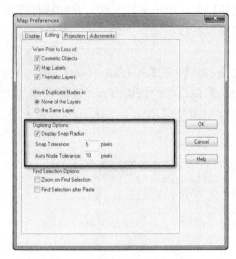

图 6.9 【Map Preferences】窗口

在对话框的【Digitizing Options】部分，根据情况设置节点捕捉阈值和自动节点捕捉阈值的数值范围。单击【OK】，结束设置。

3. 绘制文本对象

用文本工具创建文本对象，多用于为地图或布局添加注释。创建文本对象时，首先需要将绘制文本的图层设置为可编辑状态，然后选择【Text】工具 **A**，将光标放在希望文本所在的位置，输入所需的文本。更改地图上的文本样式，可执行以下操作：

（1）用选择工具选择文本对象。

（2）单击【Text Style】命令按钮 **A**，或者单击【Option】→【Text Style】命令，弹出图 6.10 所示的【Text Style】对话框，在此更改字体、字号和颜色，以及创建各种效果，如轮廓线或下落阴影等。

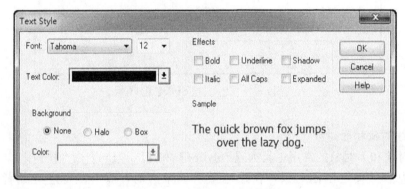

图 6.10 【Text Style】窗口

4. 对象整形

整形是对区域、折线、线、弧线和点等对象进行修正形态的操作。对象整形需要执行以下操作：

（1）用选择工具选择对象。

（2）在【Edit】菜单中单击【Reshape】命令，或使用绘图工具栏上的【Reshape】命令按钮 ⬜ ，然后通过移动节点、添加节点，或从对象中删除节点等操作进行整形。

移动节点，先将节点选中，同时按住鼠标按钮，然后将节点拖到预期的位置上。此时与该节点相连的线段将移到新位置上。

添加节点，从绘图工具栏单击【Add Node】工具 ⬜ ，并将光标定位在添加节点的位置，然后单击鼠标左键来添加节点。

删除节点，先将光标定位在节点上，单击该节点，然后按 Delete 键。要在创建折线或多边形时删除最后一个节点，单击 Backspace 键。

虽然整形工具不能对用矩形工具、圆角矩形工具或椭圆工具创建的对象进行整形，但可先将这些对象转换为区域，然后进行整形操作。

以画椭圆形操场为例，首先是画一个正圆形，然后选中圆形对象，单击右键，在快捷菜单中点击【Edit Objects】→【Convert to Regions】命令，将圆形对象转换为区域。在区域处于被选中时，启动整形工具，则圆形区域显示出节点。用选择工具选择第一个节点。按住 Shift 键的同时单击与第一个节点相对的节点。MapInfo 选择节点之间最短路线中的所有节点，如图 6.11 所示。

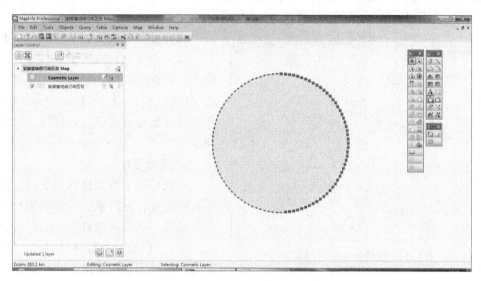

图 6.11　选择多个节点

应用【Select】按钮，单击被选中的节点不松手，同时向合适的方向移动，便画出椭圆形操场形状，如图 6.12 所示。

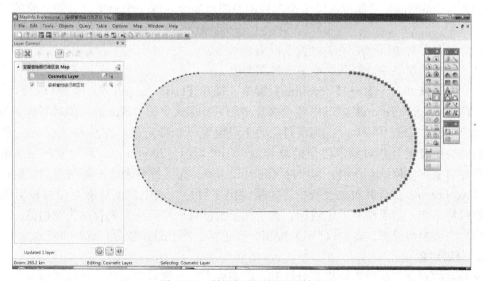

图 6.12　利用整形画椭圆形效果

6.3　编　辑　对　象

6.3.1　设置和清除目标

1. 设置目标

MapInfo Professional 提供了对对象的高级编辑功能，将对象设置为目标是使用这些高级编辑的前提。把地图对象设置为目标的操作过程为：

（1）将编辑的对象所在的图层设置为可编辑状态。

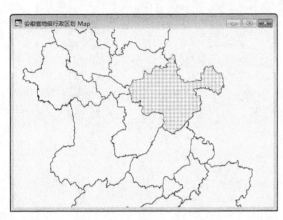

图 6.13　设置为目标的对象

（2）选择要成为编辑目标的对象。

（3）点击【Objects】→【Set Target】命令，或点击鼠标右键，在快捷菜单中点击【Edit Objects】→【Set Target】命令，所选的地图对象被设置为目标。如图 6.13 所示。

2. 清除目标

清除目标是设置目标的反向过程。对象被设置成目标对象后，如果用户想撤销此项操作，可以清除目标。操作如下：

点击【Objects】→【Clear Target】命令，或点击鼠标右键，在快捷菜单中点击【Edit Objects】→【Clear Target】命令，目标对象被清除。

6.3.2　合并和分解对象

1. 合并对象

合并（Combine）功能可以将多个单独的地图对象合并成一个对象。合并对象的操作步骤如下：

（1）将合并对象所在的图层设置成可编辑状态。

（2）在地图窗口中选择两个或多个地图对象。

（3）选择【Objects】→【Combine】菜单，打开【Data Aggregation】窗口，如图 6.14 所示。【Data Aggregation】窗口中各选项含义如下：①无变化（Blank）：保持目标对象的值为新对象的值；②值（Value）：为新对象的字段设置一个特定值；③总和（Sum）：新对象的字段值为所有被合并对象字段值的总和值；④平均值（Average）：新对象的字段值为所有被合并对象字段值的平均值；⑤加权（Weight by）：在下拉列表选择某列作加权值；⑥无数据（No Data）：在合并对象过程中，如果设定了目标，选中该复选框可使目标对象的所有列值保持不变；如果没有设定目标，选中此复选框可使新行所有列存储为空白值。

（4）完成参数设置，点击【OK】按钮，已选择的所有对象被合并成一个新对象。

2. 分解对象

被合并的对象，如果需要将其分解开，则需要进行分解对象操作。具体步骤如下：

（1）将包含编辑对象的图层设置为可编辑。

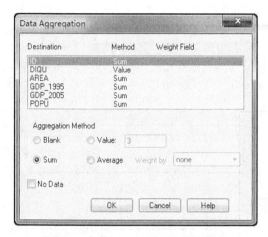

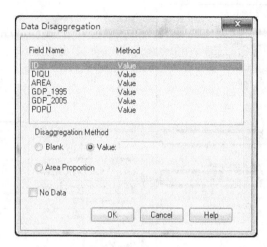

图 6.14　【Data Aggregation】窗口　　　　图 6.15　【Data Disaggregation】窗口

（2）选中要分解的对象，点击【Objects】→【Disaggregate Objects】命令，打开【Data Disaggregation】窗口。

（3）在窗口中选择合适的选项，点击【Next】，设置【Data Disaggregation】窗口中的各选项，如图 6.15 所示。

（4）在窗口中选择一个或多个字段，选择分解方法：①无变化（Blank）：保持目标对象的值为新对象的值；②值（Value）：为新对象的字段设置一个特定值；③面积比例（Area Proportion）：将目标对象的数值根据新对象的面积按比例分解到各个新对象中。

（5）点击【OK】按钮，选定的对象被分解。

6.3.3　分割对象

分割对象功能是把其他对象作为切割器，将目标对象分割成多个小对象。分割对象包含两个命令：即区域分割（Split）和折线分割（Polyline Split），如图 6.16 所示。

【Split】命令中作为切割器的对象为区域对象，【Polyline Split】命令中作为切割器的对象为线对象。

对象的分割操作步骤如下：

（1）将包含待分割对象的图层设置为可编辑。

（2）选中要成为分割目标的对象，点击【Objects】→【Set Target】命令，所选目标被突出显示。

（3）创建或选择一个或多个对象作为切割对象。

（4）依据情况选择点击【Objects】→【Split】命令或【Objects】→【Polyline Split】命令；如果选用【Polyline Split】命令，首先会弹出【Split With Polyline】窗口，如图 6.17 所示，单击【Next】按钮弹出【Data Disaggregation】窗口。

（5）选择合适的数据分解方法。

（6）点击【OK】按钮，目标对象被分割。

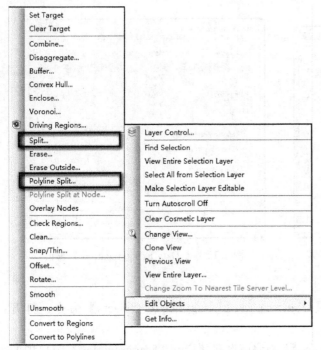

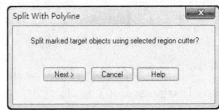

图 6.16　【Split】和【Polyline Split】命令　　　　图 6.17　【Split With Polyline】窗口

6.3.4　擦除对象

应用擦除功能删除目标对象时有两种选择：一是使用【Objects】→【Erase】擦除目标对象被切割对象覆盖的那部分，二是使用【Objects】→【Erase Outside】擦除未被切割对象覆盖的目标对象内容，如图 6.18 所示。【Erase】命令可以擦除区域和线对象，但不能擦除点或文本对象。

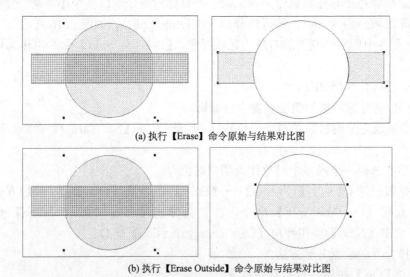

(a) 执行【Erase】命令原始与结果对比图

(b) 执行【Erase Outside】命令原始与结果对比图

图 6.18　【Erase】与【Erase Outside】命令操作结果示意图

擦除对象的操作步骤如下：

（1）将包含编辑对象的图层设置为可编辑。

（2）选中要编辑的对象，点击【Objects】→【Set Target】命令，所选目标被突出显示。

（3）创建或选择一个擦除对象。

（4）依据情况选择【Erase】或【Erase Outside】命令，打开【Data Disaggregation】对话框，选择擦除方法。

（5）点击【OK】按钮，完成擦除对象操作。

6.3.5　叠压节点

叠压节点命令允许在目标对象与切割对象的交叉处为目标对象增加节点。例如，在地图上增加新街道，新、旧街道交叉时，就可使用叠压节点命令在新街道上增加节点。

叠压节点的操作步骤为：

（1）设置包含编辑对象的图层为可编辑。

（2）选中要增加节点的对象，点击【Objects】→【Set Target】命令，所选目标被突出显示，如图 6.19 所示。

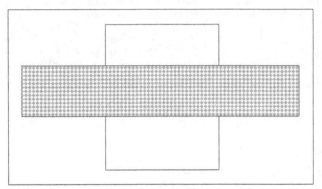

图 6.19　将要增加节点的对象设置为目标

（3）在窗口的任意图层选择一个或多个与目标对象相交的对象作为切割对象。

（4）点击【Objects】→【Overlay Nodes】命令，切割对象与目标对象相交处，为目标对象添加了节点，如图 6.20 所示。

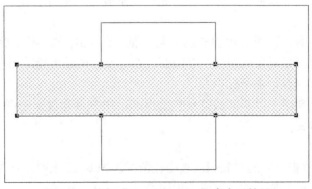

图 6.20　执行【Overlay Nodes】命令后结果

6.4　检查数据质量

在绘制好的数据中难免会出现一些错误，这些错误包括数据自身带有的，或数据夹杂其他类型的数据，即存在异类，例如在存放面状要素的图层中存在线状要素；也包括图层之间空间位置关系有错误的，例如道路和建筑物存在压盖现象，即空间上的重叠。通过以下的数据质量检查方法可以排除以上错误。

6.4.1　区域检查

区域检查是针对面对象进行的数据质量检查。如果系统弹出图 6.21 所示的提示窗口，表明区域内存在点、线、文本等要素，此时应排除异类后，在进行区域检查。排除异类的方法参见 6.4.2 节或 6.4.3 节的内容。

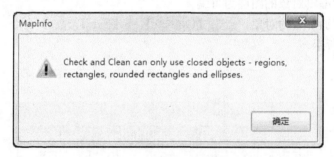

图 6.21　检查区域错误提示窗口

区域检查步骤如下：

（1）设置待检查的区域图层为可编辑状态。

（2）选中区域图层中待检查范围内的所有对象。

（3）单击鼠标右键，点击快捷菜单中的【Edit Objects】→【Check Regions】命令，如图 6.22 所示。

此时会弹出图 6.23 所示的【Check Region Objects】窗口。

1）设置【Check Region Objects】窗口

区域检查能够检测出数据中是否存在自相交、重叠、缝隙等错误。图 6.24 为这三类错误的示意图。

依据要检查的内容，选中各项检查前的复选框。最大缝隙面积是指在检查缝隙的过程中，如果两个或多个区域对象所包围的缝隙面积超过设定的最大缝隙面积阈值，则在区域检查后不将其列入缝隙错误，不予标识。

区域检查结果会在图上以不同的符号显示出来，用户可通过点击图 6.23 右部的按钮设置各类错误的显示方式。

2）浏览错误

图 6.25 显示了检查前后的对象属性表变化情况。图 6.25 表明，在执行区域检查时，会在当前层追加错误标识对象，并在属性表中记录。

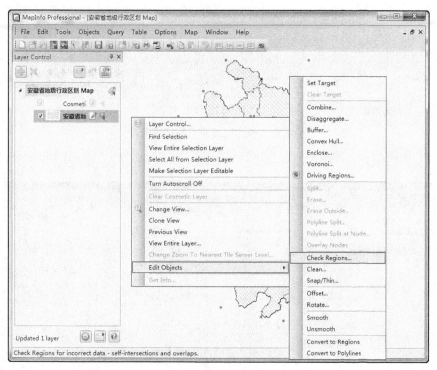

图 6.22　启动【Check Regions】命令

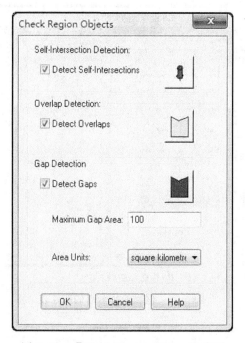

图 6.23　【Check Region Objects】窗口

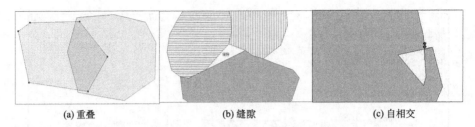

   (a) 重叠   (b) 缝隙   (c) 自相交

图 6.24 检查区域的三类错误示意

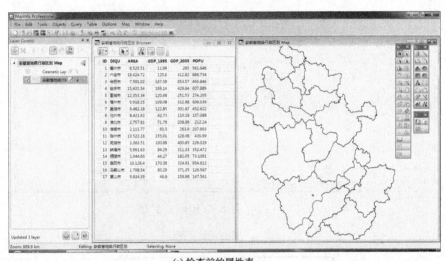

(a) 检查前的属性表

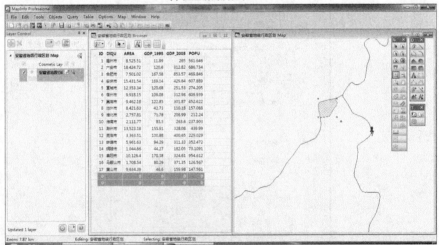

(b) 检查后的属性表

图 6.25 区域检查前后的属性表

3）修改错误

  当错误对象很小时，如果错误不处在被选中的状态下，即使有标识，在图面中也很难被发现，因此修改错误时，通常需要依据浏览属性表中的记录，查找错误所在的位置。

修改自相交错误时，首先是删除标识对象，然后进行修改。自相交的修改主要应用整形按钮，通过移动点、删除点、增加点等操作，校准区域对象边界位置。

修改重叠错误时，首先是利用标识错误的对象，找到发生错误的位置，然后删除标识错的对象，最后进行修改。重叠错误的修改，最好先执行擦除/擦除外部操作，再应用整形按钮，进行移动点、删除点、增加点等操作，校准区域对象边界位置。

修改缝隙错误时，首先把缝隙错误位置的区域对象合并到周边任一区域对象中，然后应用整形按钮，进行移动点、删除点、增加点等操作校准区域对象边界位置。

4）紧缩表

单击菜单中的【Table】→【Maintenance】→【Pack Table】命令，选择已经修改完错误的区域表，选择【Pack Both Types of Data】项，单击确定。

6.4.2　排除图层内异类

图层内异类指当前图层要素中出现了其他不同类型的要素，比如面状图层中出现线状要素。图层内排除异类的步骤如下：

（1）点击菜单【Query】中的【SQL Select】命令，或者点击菜单【Query】中的【Select】命令。

（2）对弹出的【SQL Select】窗口进行设置，如图 6.26 所示。

图 6.26　图层中排除异类【SQL Select】窗口设定

（3）根据查询结果，输入异类的判别表达式，分别为：①排除面图层中的异类：Str $ (obj)<>"region"；②排除线图层中的异类：Str $ (obj)<>"polyline"；③排除点图层中的异类：Str $ (obj)<>"point"；④排除文本图层中的异类：Str $ (obj)<>"text"。

6.4.3 排除图层间重叠

图层间的重叠错误是指不同图层中的对象在空间上出现了不应有的重叠现象。如图 6.27 所示，假设图层 A 中存放的是表达建筑物的区域图层，图层 B 中存放的是表达道路的线状图层，图层间的重叠错误指图层 B 中的一个线对象，不应该与图层 A 中的三个区域对象有重叠现象。当然这种重叠错误不仅仅局限于区域和线对象之间。

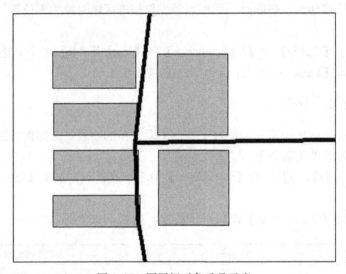

图 6.27　图层间对象重叠示意

查找图层间对象重叠错误的步骤如下：

（1）点击菜单【Query】中的【SQL Select】命令。

（2）对弹出的【SQL Select】窗口进行参数设定，如图 6.28 所示。

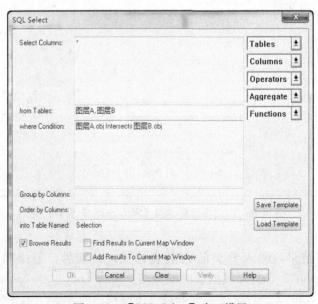

图 6.28　【SQL Select】窗口设置

6.5 实例与练习

练习：地图数据编辑

1. 背景

为了实现对安徽省各地级行政区面积和行政区内道路的统计量算，需要制作"安徽省道路"和"安徽省地级行政区划"地图数据。

2. 目的

通过制作"安徽省道路"、"安徽省地级行政区划"地图数据，使学生掌握影像校正、矢量图形绘制、图形对象编辑、数据质量检查、图层合并、图形拼接等地图数据编辑技能。通过分组完成任务，锻炼学生的团结协作能力。

3. 要求

分组完成"安徽省道路"、"安徽省地级行政区划"地图数据，针对各自负责的区域，在编辑的数据进行质检完成后进行拼接处理。

4. 数据

安徽省某年份的道路交通图扫描图、"分幅"表文件。

5. 操作步骤

1）影像校正

影像校正过程参见本章 6.1 节。投影选择如图 6.29 所示。

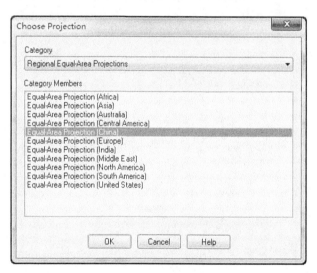

图 6.29 选择投影窗口

2）图形编辑

创建"安徽省道路"、"安徽省地级行政区划"表文件，设置相应的字段，字段设置样式如图 6.30 所示，其中，"安徽省道路"表文件中的"ID"字段记录公路等级代码：高速公路为 1，国道为 2，省道为 3；"LENGTH"字段记录道路长度；"NAME_DIQU"字段记录道路所在的地区名。"安徽省地级行政区划"表文件中的"ID"字段记录地级市的等级代码：省会城市为 1，其他地级市为 2；"NAME"字段记录地级市名称；"AREA"字段记录地级市行政辖区的面积；"LengthRoad"字段记录地级市辖区内道路长度；"POPU"字段记录地级市辖区内人口数量。文件名根据自己的任务分区命名为"安徽省道路 _ 1"，"安徽省地级行政区划 _ 1"等样式。

(a) "安徽省道路"表结构　　　　　　(b) "安徽省地级行政区划"表结构

图 6.30　文件表结构设置

添加"分幅"表文件，依据"分幅"表文件的提示，在自己任务分区内采集和编辑图形要素，如图 6.31 所示。

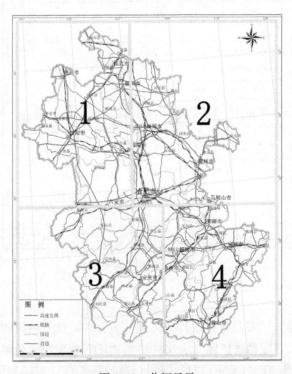

图 6.31　分幅显示

在进行图形编辑的过程中，需要将超出自己负责任务分区范围外的图形擦除。操作过程为：首先是在矢量化过程中，图形对象要适当超出任务分区范围；矢量化完所有图形对象后，选中表文件中的所有图形对象，也可只选中分幅边界上的图形对象；单击鼠标右键，执行【Objects】→【Set Target】命令，选中"分幅"图层中自己负责的任务分区图形对象，如图 6.32 所示。单击鼠标右键，执行【Edit Objects】→【Erase Outside】命令。

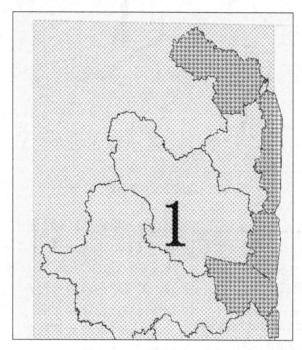

图 6.32　图幅边界图形编辑

编辑完两个图层文件，应用"安徽省地级行政区划"文件对"安徽省道路"图层进行分割等编辑。在矢量化"安徽省道路"图层时，会出现一条道路跨越几个地区的情况，如图 6.33 所示。为了后面的道路里程的分区统计，需要以"安徽省地级行政区划"中的图形边界分割"安徽省道路"图层中的线要素。

操作过程为：首先选择"安徽省道路"图层中的所有图形对象，并设置为目标对象；然后选中"安徽省地级行政区划"中的全部图形对象，单击【Edit Objects】→【Split】命令。

3）图形数据质检

进行区域检查、图层内排除异类等图形数据质检。相关操作参见 6.4 节内容。

4）图形拼接处理

首先是制定合理的小组成员图形拼接过程，如先进行 1 和 2 拼接得到 1&2，3 和 4 拼接得到 3&4，再将 1&2 和 3&4 拼接得到完整的图幅。执行拼接的技术流程如下：

单击菜单【Table】→【Append Rows to Table】，弹出【Append Rows to Table】窗口，进行设置，如图 6.34 所示。

将合并后的图层设置为可编辑状态，应用手动的整形处理，或者是节点抓取/抽稀处理技术，完成要素接边。利用节点抓取/抽稀处理技术完成分区要素接边的操作步骤为：沿分

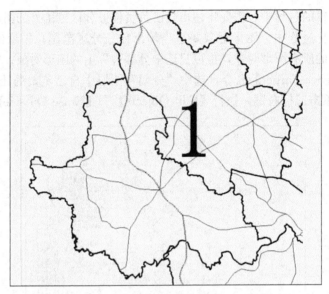

图 6.33　道路图形对象跨越多个地区

幅边界选中边界两侧的图形对象，单击鼠标右键，执行【Edit Objects】→【Snap/Thin】命令，弹出【Set Values For Node Snap & Thinning】窗口，对其中的项进行设置（窗口中的参数根据实际情况进行设置），如图 6.35 所示。

节点抓取与抽稀处理后，将边界两侧的图形对象进行合并处理。

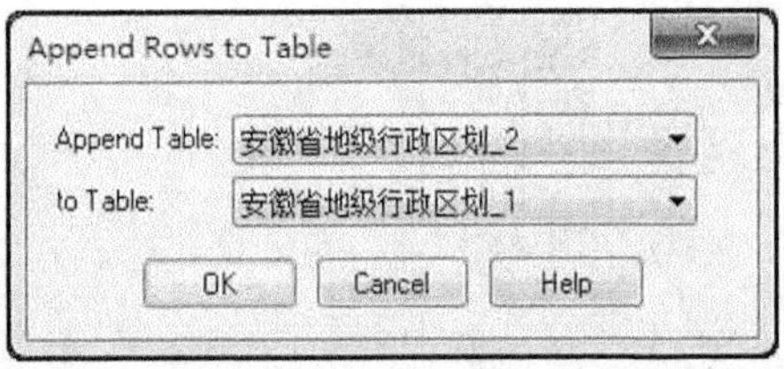

Append Rows to Table

Append Table: 安徽省地级行政区划_2

to Table: 安徽省地级行政区划_1

OK　　Cancel　　Help

图 6.34　进行图层合并操作

重复以上操作，完成"安徽省地级行政区划"和"安徽省道路"的图形拼接操作。

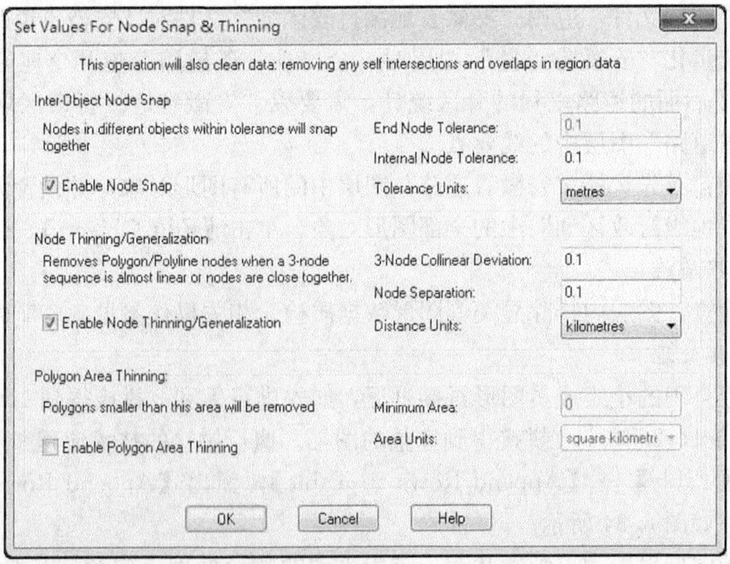

Set Values For Node Snap & Thinning

This operation will also clean data: removing any self intersections and overlaps in region data

Inter-Object Node Snap

Nodes in different objects within tolerance will snap together

☑ Enable Node Snap

End Node Tolerance: 0.1

Internal Node Tolerance: 0.1

Tolerance Units: metres

Node Thinning/Generalization

Removes Polygon/Polyline nodes when a 3-node sequence is almost linear or nodes are close together.

☑ Enable Node Thinning/Generalization

3-Node Collinear Deviation: 0.1

Node Separation: 0.1

Distance Units: kilometres

Polygon Area Thinning:

Polygons smaller than this area will be removed

☐ Enable Polygon Area Thinning

Minimum Area: 0

Area Units: square kilometre

OK　　Cancel　　Help

图 6.35　【Set Values For Node Snap & Thinning】窗口设置

第7章 属性表编辑

7.1 更 新 列

更新列通过值或函数表达式，将表中的部分或所有记录更新，是对属性表进行编辑的一项重要操作。

更新列的操作步骤如下：

（1）如果当前表中没有要存放相应数据的列，需要通过修改表结构（【Table】→【Maintenance】→【Table Structure】）来增加相应的字段（即数据列）。在修改表结构的过程中，新增字段的数据类型要与拟存放的数据类型相同，如图 7.1 所示。

（2）选中要修改的记录。如果要更新的列涉及了表中的所有记录，则不需要选中表中的任何记录。

（3）点击菜单下的【Table】→【Update Column】命令，弹出【Update Column】窗口，如图 7.2 所示。

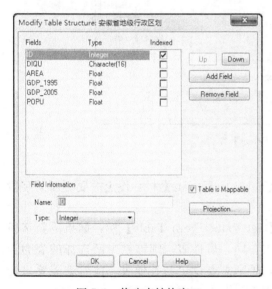

图 7.1 修改表结构窗口

图 7.2 【Update Column】窗口

（4）设置【Update Column】窗口参数，主要包含如下五项内容：

【Table to Update】栏：该栏需要用户设定要更新的表的名字。如果要更新的列涉及了表中的所有记录，该栏中将设定的是要更新表的表名；如果要更新的列只是表中选中的记录，则表的名字设定有以下两种情况：①将表名设定为【Selection】。此时需要利用选择工具，选中图形对象或属性表中记录，或者利用【Select】或【SQL Select】功能在查询窗口中设置选择条件，此时不能勾选【Browse Results】复选框，如图 7.3 所示。②将表名设定为【Query＋n】。此时需要利用选择工具，选中图形对象或属性表中记录后，并打开新的浏览窗口，查看被选中的记录，如图 7.4 和图 7.5 所示。或者利用【Select】或【SQL Select】功能在查询窗口中设置选择条件，并勾选【Browse Results】复选框。表名【Query＋n】中的 Query 意为浏览，n 是浏览窗口编号。在当前工作空间下，依据选择记录，打开浏览窗口时，系统按打开次序依次对浏览窗口赋予 1、2、…等唯一编码，所以在将表名设定为【Query＋n】时，一定要注意浏览窗口的编号，该浏览窗口必须包含所筛选的记录。

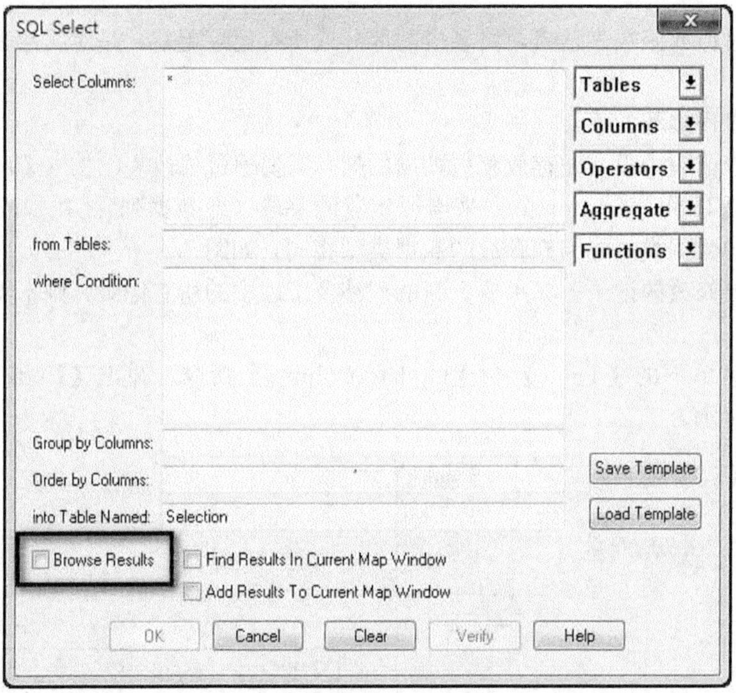

图 7.3　　【SQL Select】窗口

图 7.4　　【Browse Table】窗口中选择 Selection 表

【Table to Update】栏：设定需要更新的字段名字。

【Get Value From Table】栏：如果更新字段的值来自同一属性表，则该栏中所选择的表为当前表，否则需要设定为其他表，此时就需要事先完成表连接操作。

【Value】栏：如果用固定值更新当前字段值，直接输入该固定值。固定值如果是常数，则直接输入；如果是文字，需要用英文双引号把值的内容括起来。如果用非固定值更新当前字段值，则需要利用该栏后面的【Assistance】命令创建计算非固定值的表达式。

【Browse Results】项：设定是否要新建浏览窗口查看更新结果。

（5）完成窗口参数设置，单击【OK】，结束【Update Column】操作。

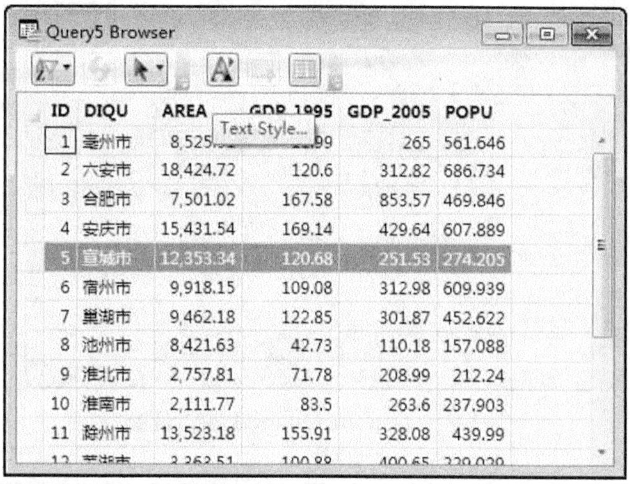

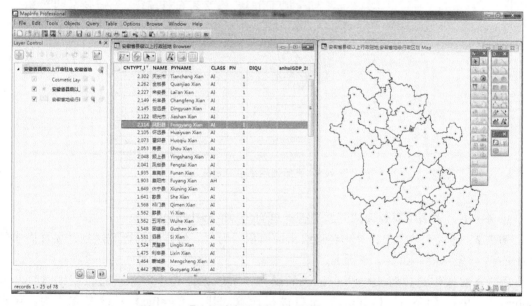

图 7.5　【New Browser Window】查看被选中的记录

例 7.1　将县（市）级行政驻地点所属地级市的名称，赋值到"安徽省县级以上行政驻地"属性表中的"DIQU"字段，如"凤阳县"记录相应的"DIQU"字段赋值为"滁州市"，如图 7.6 所示。

图 7.6　【地级城市驻地】表地图窗口与浏览窗口

（1）点击主工具栏中的【Boundary Select】按钮，单击滁州市地区区域对象，选中处于滁州市地区区域范围内的所有"安徽省县级以上行政驻地"点对象。

（2）启动【Update Column】，并对窗口进行设置，如图 7.7 所示。

（3）单击【OK】完成滁州市赋值，如图 7.8 所示。

（4）重复以上步骤完成其他地级市赋值。

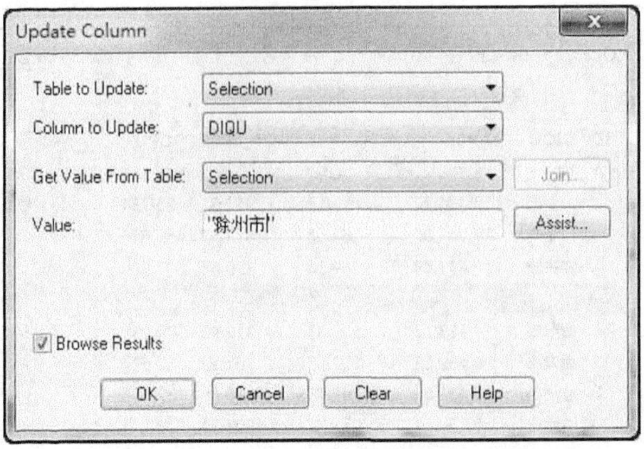

图 7.7   【Update Column】窗口设置

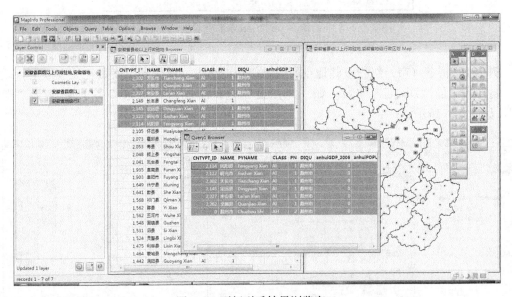

图 7.8   更新列后结果浏览窗口

思考一下，本例中要处理的问题能否有更为快捷的解决方法。

例 7.2   通过区域对象计算出各地级市的面积，为"安徽省地级行政区划"属性表中的"AREA"字段赋值，如图 7.9 所示。

因为本次操作是针对表中所有记录的操作，所以无需选中对象。直接启动【Update Column】，并对【Update Column】窗口进行设置。其中【Value】栏设置方法为：点击【Assist】按钮，弹出【Expression】窗口，如图 7.10 所示。

单击【Functions】项下拉菜单，选择【SphericalArea】函数项，如图 7.11 所示。

编辑【Expression】窗口中的函数表达式，如图 7.12 所示。

在表达式 SphericalArea（obj，"sq km"）中的"obj"代表的是图形对象，"sq km"代表的是面积单位 km^2，可以通过修改它来改变利用函数表达式计算的结果，如"sq m"的计算结果单位为 m^2。

图 7.9　【安徽省地级行政区划】表浏览窗口

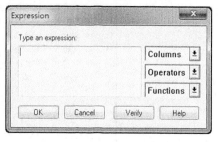

图 7.10　【Expression】窗口

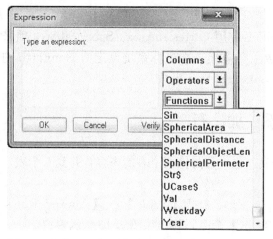

图 7.11　【Expression】窗口【Functions】项设定

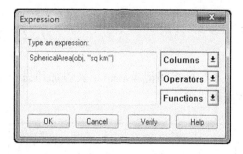

图 7.12　【Expression】窗口表达式编辑

依据情况点击【Columns】、【Operators】、【Expression】项下拉菜单来编辑表达式。表达式运用熟练的用户可以在【Update Column】窗口中的【Value】一栏中直接输入表达式。

单击【OK】完成【Expression】窗口的编辑。最后得到【Update Column】窗口的设置结果，如图 7.13 所示。

单击【OK】按钮得出为"AREA"列的更新结果，如图 7.14 所示。

在打开【Expression】窗口中的【Functions】项下拉菜单时，我们会发现其中有三个计算面积的函数：Area、

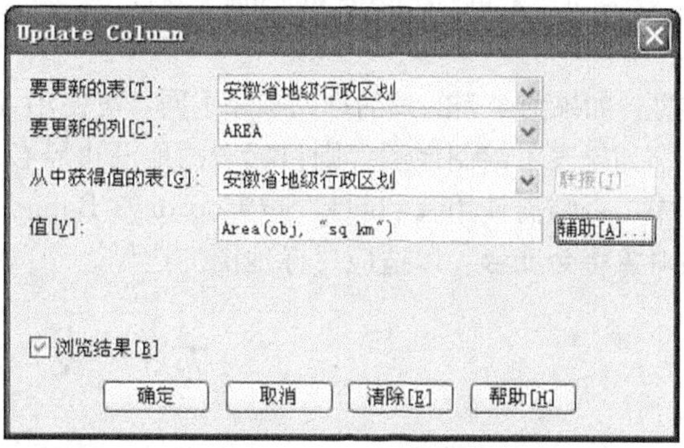

图 7.13　【Update Column】窗口设置

ID	DIQU	AREA	GDP_1995	GDP_2005	POPU
1	亳州市	8,525.51	11.99	265	561.646
2	六安市	18,424.72	120.6	312.82	686.734
3	合肥市	7,501.02	167.58	853.57	469.846
4	安庆市	15,431.54	169.14	429.64	607.889
5	宣城市	12,353.34	120.68	251.53	274.205
6	宿州市	9,918.15	109.08	312.98	609.939
7	巢湖市	9,462.17	122.85	301.87	452.622
8	池州市	8,421.63	42.73	110.18	157.088
9	淮北市	2,757.81	71.78	208.99	212.24
10	淮南市	2,111.77	83.5	263.6	237.903
11	滁州市	13,523.24	155.91	328.08	439.99
12	芜湖市	3,363.51	100.88	400.65	229.039

图 7.14　更新【AREA】列结果

CartesianArea、SphericalArea。在大多数情况下应用 CartesianArea、SphericalArea 项来计算区域对象的面积，其中 CartesianArea 函数主要应用于在坐标系统设定为 NonEarth 的情况下的区域对象面积计算，其他情况多应用 SphericalArea 函数。

7.2　添　加　行

添加行指将记录从一个表添加到另一个表，也可称为将两个表的内容合并到一个表。具体操作步骤为：

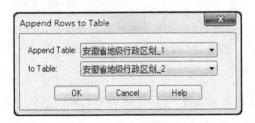

图 7.15　【Append Rows to Table 】窗口

（1）选择【Table】→【Append Rows to Table】命令，弹出如图 7.15 所示窗口。
（2）在【Append Table】栏中指定包含所要添加的记录的表。
（3）在【to Table】栏中指定要将记录添加到的表，然后单击【OK】按钮。
如果两个表中相应的列不具有相同的数据类型，则系统会进行最佳匹配，将数据转换为适当类型。如果两个表的列的排列顺序不同，可使用【Table Structure】命令对列重新排序。

如果表可绘制地图，则目标表的地图边界必须足够大，以便另一个表中的对象可以置于其中，否则需使用【Check/Set Coordsys Bounds】工具来更改表的地图边界，不然一些地图对象将会变形，以适应目标地图的边界。

7.3　表　联　接

在进行属性表更新列的操作过程中，如果一些字段值来源于另外一个表文件，则需要应用表的联接功能，建立当前表与来源表的联接关系。

实际上，表联接内容也属于更新列的部分，不过表的联接在理解起来稍有难度，因此专门设置为一节来介绍。

下面通过一个例子来讲解表联接的应用方法，通过该方法解决在"更新列"一节中的例 7.1 中的问题。相对例 7.1 中的解决方法，该方法要简捷的多。步骤如下：

（1）在不选中"安徽省县级以上行政驻地"表文件任何对象或任何记录的情况下，选择【Table】→【Update Column】命令，弹出【Update Column】窗口，如图 7.16 所示。

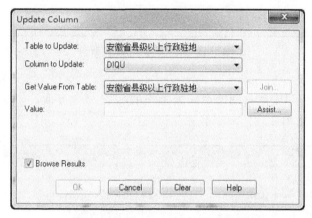

图 7.16　【Update Column】窗口

（2）在【Table to Update】栏中设定"安徽省县级以上行政驻地"图层名，【Column to Update】栏设定为"DIQU"字段。【Get Value From Table】栏设定为"安徽省地级行政区划"图层名，此时【Update Column】窗口中的部分设置内容会发生变化，如图 7.17 所示。

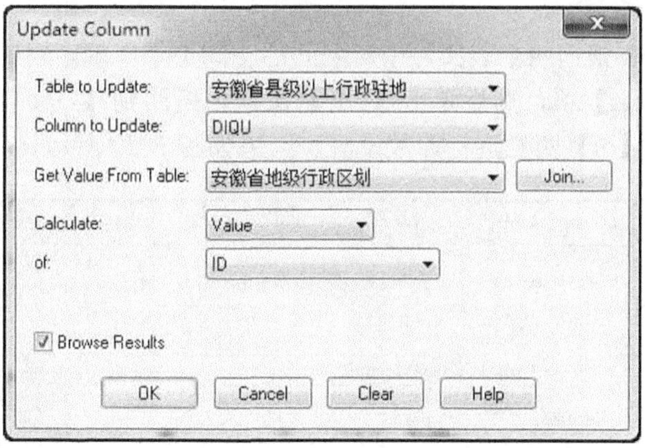

图 7.17　应用表联接时的【Update Column】窗口

点击【Join】按钮，弹出【Specify Join】窗口，如图 7.18 所示。

在【Specify Join】窗口中包含两个主要选择：一是通过两个属性表中关键字段进行链接，来获取值（要想深入理解通过关键字段进行表联接的含义，可阅读例 7.3 中的内容）；二是通过两个表中图形对象的空间关系来进行表的联接。

图 7.18 【Specify Join】窗口

【Specify Join】窗口中涉及到的空间关系主要包含三个方面：contains、is within、intersects，如图 7.19 所示。

图 7.19 【Specify Join】窗口中的对象空间关系选项

实际应用中，需要根据两个表文件中对象间的空间关系，确定对应的空间关系选项。在本例中选择【intersects】项，然后单击【OK】按钮，返回到【Update Column】窗口，继续对【Calculate】和【of】两栏进行参数设置。结果如图 7.20 所示。

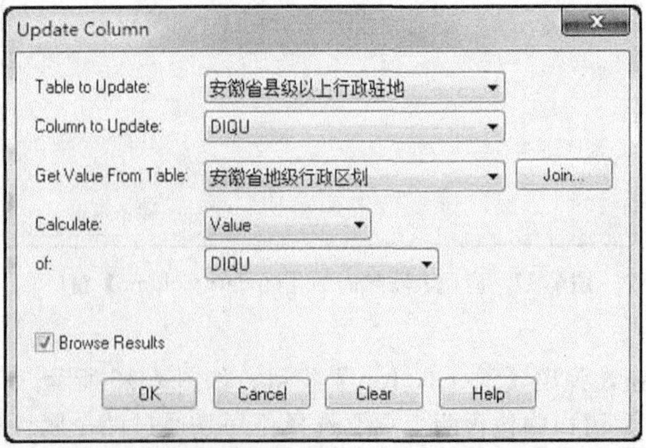

图 7.20 应用表联接时的【Update Column】窗口

（3）单击【OK】键，完成更新列操作。

例 7.3　应用属性表的联接，通过表 A 为表 B 中的"所属区域"列赋值。

（1）首先认识一下表 A 和表 B。

表 A 存放了两个区域对象，其图形窗口和属性表如图 7.21 所示。

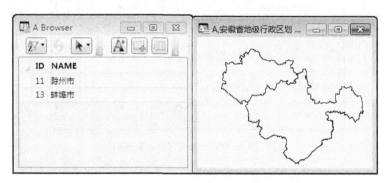

图 7.21　表 A 的地图窗口和属性表

表 B 存放的为点对象，其图形和属性表如图 7.22 所示。其中 ID 字段有值，"所属区域"字段为空值，需要通过属性表的联接操作为其赋值。

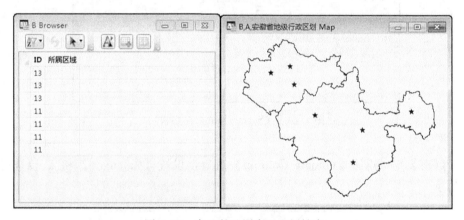

图 7.22　表 B 的地图窗口和属性表

观察图 7.22 可知，表 B 属性表中的 ID 字段和表 A 中的 ID 字段存在特殊关系，即处于某区域对象范围内的点对象的 ID 值与该区域对象的 ID 值相同。由此可以进一步得出，如果"表 B 的 ID 值"等于"表 A 的 ID 值"，则可将表 A 中与 ID 值相对应的 NAME 的值，赋给表 B 中"所属区域"的相应记录。如表 B 中 ID 字段中 11 值和表 A 中 ID 列中 11 值对应，则可将表 A 中与 11 值所属同一条记录的"NAME"的值"滁州市"，赋给表 B 中 ID 值为 11 的"所属区域"列。

（2）单击【Table】菜单的【Update Column】命令，打开图 7.23 所示的【Update Column】窗口。

（3）设置【Table to Update】栏中的值为"B"，【Column to Update】栏值为【所属区域】，【Get Value From Table】栏值为"A"。此时【Update Column】窗口中的部分内容将

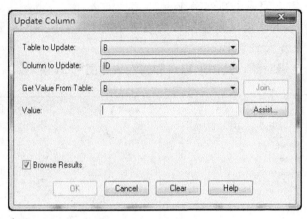

图 7.23　【Update Column】窗口

发生改变。单击【Join】按钮，弹出【Specify Join】窗口，在窗口中的设定如图 7.24 所示。

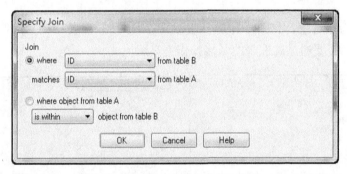

图 7.24　【Specify Join】窗口设定

单击【OK】键，返回【Update Column】窗口，设置【Calculate】和【of】栏值，如图 7.25 所示。

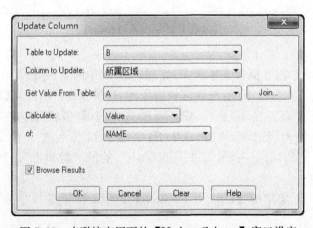

图 7.25　表联接应用下的【Update Column】窗口设定

（4）单击【OK】按钮，完成"所属区域"列的数值更新，结果如图 7.26 所示。

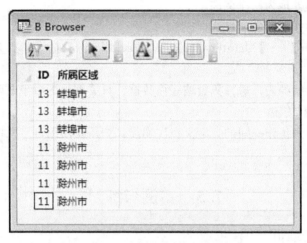

图 7.26　"所属区域"列更新结果

7.4　紧　缩　表

紧缩表用于压缩表，通过从物理磁盘彻底移除已删除的记录，减小磁盘空间占用量。执行紧缩表操作时，可选只紧缩表格数据、只紧缩图形对象或两者都紧缩。紧缩表后的表数据，如图 7.27 所示。

ID	DIQU	AREA	GDP_1995	GDP_2005	POPU
1	亳州市	8,525.51	11.99	265	561.646
2	六安市	18,424.72	120.6	312.82	686.734
3	合肥市	7,501.02	167.58	853.57	469.846
4	安庆市	15,431.54	169.14	429.64	607.889
5	宣城市	12,353.34	120.68	251.53	274.205
6	宿州市	9,918.15	109.08	312.98	609.939
7	巢湖市	9,462.18	122.85	301.87	452.622
8	池州市	8,421.63	42.73	110.18	157.088
9	淮北市	2,757.81	71.78	208.99	212.24
10	淮南市	2,111.77	83.5	263.6	237.903
11	滁州市	13,523.18	155.91	328.08	439.99
12	芜湖市	3,363.51	100.88	400.65	229.029
13	蚌埠市	5,961.63	94.29	311.33	352.472
14	铜陵市	1,044.66	44.27	182.05	73.1091
15	阜阳市	10,126.4	170.38	324.61	954.612
16	马鞍山市	1,708.54	80.29	371.35	126.567
17	黄山市	9,694.39	46.6	159.90	147.561

图 7.27　删除记录后的属性表

在紧缩表时，MapInfo Professional 需要在磁盘开辟双倍的使用空间，这是由于紧缩表时需要将数据库副本处理为始建文件。

紧缩表操作步骤如下：

（1）点击【Table】→【Maintenance】→【Pack Table】命令，打开【Pack Table】对话框。

（2）选择需要紧缩的表，选择只紧缩表格数据、只紧缩地图对象或两者都紧缩选项。

（3）单击【OK】按钮。

紧缩表可令保存到工作空间的自定义标注崩溃。如果要使用自定义标注，最好在创建标注之前紧缩表。

7.5　实例与练习

练习：属性表编辑

1. 背景

空间数据属性表编辑是空间数据采集、处理、分析过程中的重要基础性工作，科学、完整、准确的属性表数据不仅是图形数据不可或缺的补充，更为重要的是能扩充和提供更加丰富的空间信息。作为 GIS 专业学生，必须熟练掌握空间数据属性表编辑技术。

2. 目的

通过对"安徽省道路"、"安徽省地级行政区划"属性表的编辑，使读者掌握属性表中字段的更新方法和部分函数的运用，理解和掌握表的空间位置关联、关键字段关联等必要的知识点。

3. 要求

对"安徽省道路"、"安徽省地级行政区划"的表文件进行编辑，实现对表中各字段值的填充，并在"安徽省地级行政区划"表文件中添加"单位面积公路里程"、"人均公路里程"等信息。

4. 数据

"安徽统计数据．xls"文件，第 6 章实例与练习中制作的"安徽省道路"、"安徽省地级行政区划"表文件。

5. 操作步骤

1）紧缩表

对表文件执行菜单【Table】→【Maintenance】→【Pack Table】命令，剔除属性表中多余的记录，为后面的属性编辑做准备。

2）"安徽省地级行政区划"和"安徽省道路"的"ID"字段编辑

"安徽省地级行政区划"中的"ID"字段值的编辑要参照"安徽统计数据．xls"中各地区的 ID 编号进行手工输入，为后面的表联接作准备。"安徽省道路"的"ID"字段值根据道路的等级输入相应值。

在第 6 章实例与练习中对道路进行矢量化时，如果对不同级别的道路采用了不同的线型，能为该步操作节省大量时间。

3）应用函数更新列

"安徽省地级行政区划"中的"AREA"字段应用"Area（）"函数更新属性值，如图7.28（a）所示；"安徽省道路"中的"LENGTH"字段应用"Objectlen（）"函数更新属性值，如图7.28（b）所示。

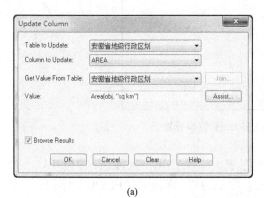 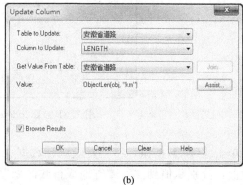

(a)　　　　　　　　　　　　　　　　(b)

图 7.28　应用函数更新列设置

4）通过表连接更新列

"安徽省地级行政区划"中的"NAME"和"POPU"字段更新过程如下：单击【Open】按钮，弹出【Open】对话框，在【文件类型】项选择"Microsoft Excel（*.xls）"。在相应路径下找到"安徽统计数据.xls"文件，单击【Open】按钮，弹出【Set Field Properties】窗口，将"安徽统计数据.xls"中的"ID"字段的类型设置为【Integer】，如图7.29所示。

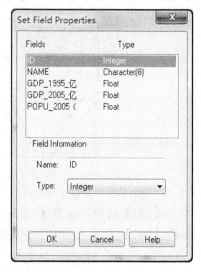

单击菜单【Table】→【Update Column】命令，弹出【Update Column】窗口，单击【Join】按钮，弹出【Specify Join】窗口，对窗口进行设置，如图7.30所示。

单击【OK】按钮，设置【Update Column】窗口参数，如图7.31所示。

图 7.29　打开.xls 文件时字段属性设置

图 7.30　【Specify Join】窗口设置

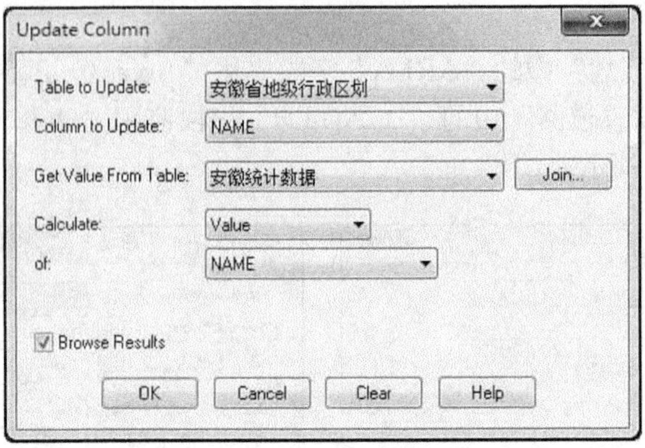

图 7.31　【Update Column】窗口设置

单击【OK】按钮，将"安徽统计数据·xls"表中"NAME"字段值、"POPU _ 2005"
字段值，分别赋值到"安徽省地级行政区划"的"NAME"字段和"POPU"字段。

"安徽省道路"中的"NAME _ DIQU"列的更新步骤如下：

单击菜单【Table】→【Update Column】命令，弹出【Update Column】窗口，单击
【Join】按钮，弹出【Specify Join】窗口，设置窗口参数，如图 7.32 所示。

图 7.32　【Specify Join】窗口设置

单击【OK】按钮，设置【Update Column】窗口参数，如图 7.33 所示。

单击【OK】按钮，完成对"安徽省道路"中的"NAME _ DIQU"字段的更新。

图 7.33　【Update Column】窗口设置

第8章 数据查询与数据统计

8.1 选 择 查 询

使用【Select】命令实现数据查询的操作步骤为：

（1）打开表，选择【Query】→【Select】命令，打开【Select】对话框。

（2）在【Select】对话框中的【Select Records from Table】下拉列表中，指定要从中选择记录的表。

（3）在【that Satisfy】框中，输入查询表达式，或点击【Assist】按钮，打开【Expression】对话框，在【Expression】对话框中编辑查询条件表达式。

（4）在【Store Results in Table】文本框中，输入一个临时表名，用以存储查询结果。

（5）选择【Sort Results by Column】下拉框，将查询结果按照所选列的值进行排列，此项为可选项，不选则不对查询结果进行排序操作。

（6）点击【OK】按钮，执行选择查询。

完成查询操作后，满足查询条件的对象在地图窗口中突出显示，并创建了一个临时表，显示在浏览窗口中。

8.2 SQL 查询

8.2.1 SQL 查询操作过程

应用【Select】命令进行查询，所生成的查询结果完全依赖于基表，且只能从一个基表中筛选出所需的数据，生成的查询结果只是将基表中满足选择条件的记录组织在一起，而不会产生新的记录。应用【SQL Select】命令，用户可以对一张或多张表进行查询操作，可以由表达式创建出新的信息，如对一张或多张表进行合并、聚合等运算，它的查询功能更强大。

进行【SQL Select】通常的操作步骤如下：

（1）打开表，选择【Query】→【SQL Select】命令，打开【SQL Select】窗口，如图8.1 所示。

（2）在【from Tables】框中点击鼠标，然后点击窗口右侧的【Tables】下拉框，选择一个查询基表。

（3）在【Select Columns】框中输入查询结果表中要显示的字段名称。

（4）在【where Condition】框中，可以借助对话框中右侧的列、运算符、聚合、函数等下拉框，编辑查询条件表达式。

（5）在【Group by Columns】框中，输入一个或多个字段名。

（6）在【Order by Columns】框中，输入一个字段名，MapInfo 将对结果表进行排序。

（7）点击【OK】按钮，执行 SQL 查询。

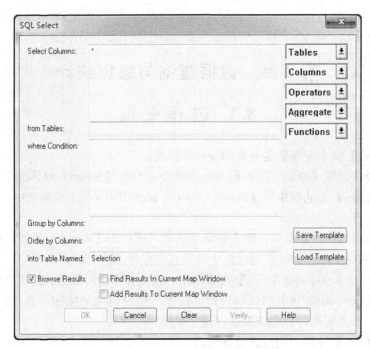

图 8.1 【SQL Select】窗口

完成查询操作后，满足查询条件的对象在地图窗口中突出显示，并在浏览窗口创建了一个临时表。

8.2.2 【SQL Select】窗口

1. 【Select Columns】栏

用以设置查询结果表中包含哪些字段。缺省值为 * 号，表示查询结果表中包含基表中的所有字段。若要结果表中显示某些字段，可在此栏键入字段名，字段名间用逗号分开；在该栏中只能包括一个 * 号或者一字段名表达式，不能同时包括 * 号和字段名表达式。

除了用键盘在【Select Columns】栏输入一个表名外，也可用鼠标从【Columns】下拉列表中选取。

具体操作步骤如下：

（1）在【from Tables】栏选择基表名称。

（2）用 Backspace 键或 Delete 键删去 * 号（如果其中有 * 号）。

（3）从对话框右边的【Columns】下拉列表中选择一个字段名，MapInfo 把这个字段名复制到【Select Columns】栏。

（4）如果查询还包括另外一些字段名，继续从【Columns】下拉列表中选择字段名。每当你选择新的字段名时，MapInfo 自动插入逗号以分隔字段名，如图 8.2 所示。

在【Select Columns】中不仅能够输入字段名，还能够输入基于列进行运算的表达式，如图 8.3 所示。【SQL Select】能够把表达式计算出的值存放到结果表中后，再导出列。导出列是根据基础表中已有的一个或多个列的内容计算出的一个特殊的临时列。

图 8.2　【SQL Select】窗口列的输入

图 8.3　【Select Columns】栏表达式输入

为指定一个导出列，要在【Select Columns】栏输入一个表达式。一个导出列表达式是若干字段名、操作符（例如＋和－）和函数（例如 Ucase＄函数）的一个组合。例如，利用表中的"GDP＿1995"和"GDP＿2005"计算各地级市10年内的年均GDP增速，计算结果为百分比值。操作过程如下：

在编辑【Select Columns】栏中的表达式之前，先在【from Tables】栏输入一个或多个表名。点击【Select Columns】栏，在该区出现插入点。然后删除区内的＊号，输入列表达式为：((GDP＿2005/GDP＿1995)-1)/10＊100。

如果需要为列表达式指定一个别名，操作方法是：在表达式后输入一个空格，然后再输入包括双引号的别名，如((GDP＿2005/GDP＿1995)-1)/10＊100　" GDP增速"，如图8.3所示。

如果给列表达式一个别名，当以 Browser 窗口显示结果表时，别名就会出现在这个列的顶上，如图8.4（a）所示；如果没指定别名，MapInfo 会用表达式的内容作为别名，如图8.4（b）所示。

 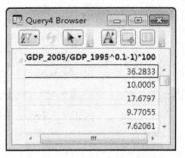

（a）指定导出列列名输出效果　　　　　　（b）未指定导出列列名输出效果

图8.4　指定列名和未指定列名时的输出结果对比

图8.5　导出多列效果

如果需要导出多列结果，则在输入另外的列名或列表达式时，输入逗号以隔开不同的列名或列表达式，如，DIQU，((GDP＿2005 / GDP＿1995)^0.1-1) ＊100　"GDP增速"。则输出结果如图8.5所示。

在【Select Columns】栏中编写 SQL 表达式时，可以调用 Format＄函数设置显示格式。比如，要让上面实验得出的结果以x％的形式输出，此时可以应用 Format＄函数重新格式化数字列。该函数的应用形式为：Format＄(value，pattern)，其中，value 是数字表达式；pattern 是指定如何设置结果格式的字符串。在【Select Columns】栏输入的形式如图8.6所示。

在 Format＄(value，pattern) 中 pattern 位置上的" ＃.＃＃％" 中，小数点后面的两个"＃＃"代表保存两位小数，"％"代表最终将数字转换为百分比形式表达。

单击【OK】按钮，输出结果如图8.7所示。

图 8.6　【Select Columns】栏表达式应用 Format $ 函数样式

【Select Columns】栏中可输入包含 obj 字段名的表达式，如图 8.8 所示。当【from Tables】栏中输入的是含有地理对象的表名时，obj 字段名会出现在【SQL Select】窗口中的【Columns】下拉菜单中。obj 代表的是与表中各行记录所联系的地理对象。

如果应用 SQL 选择查询的导出列为各地级市的人口密度，单位为人/平方千米，可应用 obj 列和相应函数来解决该问题，此时在【Select Columns】栏中输入表达式如图 8.9 所示。

单击【OK】按钮得出结果如图 8.10 所示。

图 8.7　应用 Format $ 函数后显示样式

图 8.9 中【Select Columns】栏输入的表达式，POPU 列存放的是每个地级市的人口，单位为万，因此在表达式中乘以 10000，SphericalArea 是求面积的函数。当单击【Functions】下拉菜单中的 SphericalArea 函数时，系统会自动将 obj 列放到函数中的相应位置。有关 obj 列的应用在后面还会进一步讲述。

2. 【from Tables】栏

该栏目描述 MapInfo 查询对象是哪张或哪几张表。应用时需至少输入一个表名，若要查询多个表，表名间用逗号分开。

图 8.8   【Columns】下拉菜单中的 obj 列

图 8.9   【Select Columns】栏表达式应用 obj 列

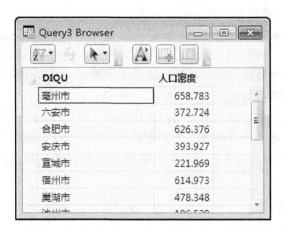

图 8.10　应用表达式导出人口密度列结果

3.【where Condition】栏

根据不同的查询性质，该栏的用途也不同。当要查询单个表时，该栏为可选，若在此栏输入一个条件表达式，则只显示满足条件的记录。如果查询涉及两个或多个表，则必须在此栏中设定条件表达式，在表达式中须指出 MapInfo 如何连接这些表。

1）通过行的排列顺序联接不同的表

如果两个表没有一个共同的列，可以根据行的顺序联接这两个表。如果需要将第一个表的第 n 行与第二个表的第 n 行相对应，此时可以通过引用 ID 列来联接这两个表。

ID 列含有的整数值，代表着表中各行的行号，ID 列的值可通过【Update Column】操作在【Value】一栏中输入"rowid"函数来获取，如图 8.11 所示。

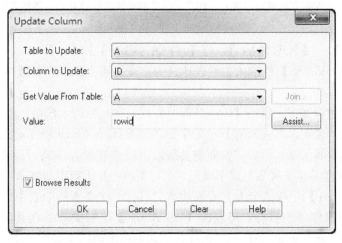

图 8.11　应用 rowid 函数更新 ID 列

应用上述 ID 列联接 A、B 两个表，从而 A 表的第 n 行与 B 表的第 n 行匹配，此时【where Condition】栏表达式为：A. ID＝＝B. ID。

2）应用图形对象的地理空间关系联接不同的表

当两个表都有图形对象时，MapInfo 能够根据这些对象之间的空间关系，使用地理操作符联接这两个表。所以，即使两个表没有一个共同的列，也有可能联接不同的表。

MapInfo 有一个与地理操作符一起使用的特殊字段名“obj”或“Object”。这个字段名指的是与属性表相关的图形对象。

地理操作符要放到所指定的对象之间，地理操作符从【Operators】下拉列表中选取。

下面根据“安徽省地级行政区划”、“安徽省县级以上行政驻地”两个表中图形对象间的空间关系，通过 SQL 选择查询实现两个表的联接。图 8.12 为连接前两个表文件属性表中的部分内容。

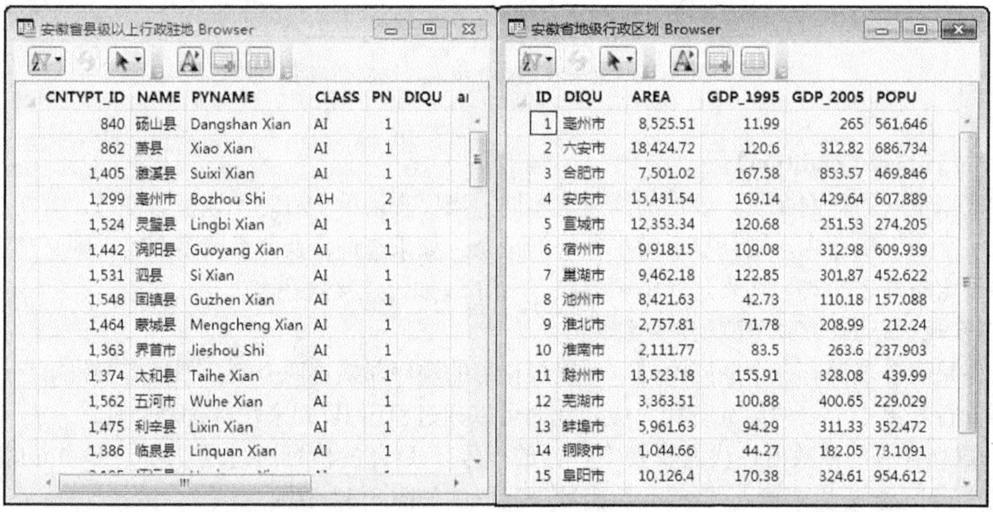
安徽省县级以上行政驻地 Browser

CNTYPT_ID	NAME	PYNAME	CLASS	PN	DIQU
840	砀山县	Dangshan Xian	AI	1	
862	萧县	Xiao Xian	AI	1	
1,405	濉溪县	Suixi Xian	AI	1	
1,299	亳州市	Bozhou Shi	AH	2	
1,524	灵璧县	Lingbi Xian	AI	1	
1,442	涡阳县	Guoyang Xian	AI	1	
1,531	泗县	Si Xian	AI	1	
1,548	固镇县	Guzhen Xian	AI	1	
1,464	蒙城县	Mengcheng Xian	AI	1	
1,363	界首市	Jieshou Shi	AI	1	
1,374	太和县	Taihe Xian	AI	1	
1,562	五河市	Wuhe Xian	AI	1	
1,475	利辛县	Lixin Xian	AI	1	
1,386	临泉县	Linquan Xian	AI	1	

安徽省地级行政区划 Browser

ID	DIQU	AREA	GDP_1995	GDP_2005	POPU
1	亳州市	8,525.51	11.99	265	561.646
2	六安市	18,424.72	120.6	312.82	686.734
3	合肥市	7,501.02	167.58	853.57	469.846
4	安庆市	15,431.54	169.14	429.64	607.889
5	宣城市	12,353.34	120.68	251.53	274.205
6	宿州市	9,918.15	109.08	312.98	609.939
7	巢湖市	9,462.18	122.85	301.87	452.622
8	池州市	8,421.63	42.73	110.18	157.088
9	淮北市	2,757.81	71.78	208.99	212.24
10	淮南市	2,111.77	83.5	263.6	237.903
11	滁州市	13,523.18	155.91	328.08	439.99
12	芜湖市	3,363.51	100.88	400.65	229.029
13	蚌埠市	5,961.63	94.29	311.33	352.472
14	铜陵市	1,044.66	44.27	182.05	73.1091
15	阜阳市	10,126.4	170.38	324.61	954.612

图 8.12　“安徽省地级行政区划”和“安徽省县级以上行政驻地”属性表字段内容

点击【Query】→【SQL Select】，打开【SQL Select】窗口，【Select Columns】一栏默认为 * 。【where Condition】栏输入条件表达式为：安徽省县级以上行政驻地 . obj within 安徽省地级行政区划 . obj。

输入表达式的过程如下：点击【from Tables】栏，将光标插入该栏。点击【Tables】下拉菜单，选择两个表的名字，当输入两个表文件后，在【where Condition】栏会自动建立两个表文件中对象之间的空间关系式，如“安徽省县级以上行政驻地 . obj Within 安徽省地级行政区划 . obj”。如果自动生成的条件表达式不满足要求，可进一步进行手动编辑，如图 8.13 所示。

【where Condition】中的两个表名后面均有“obj”，代表了两个表中的图形对象。如果两个对象间的地理操作符不符合，可点击【Operators】下拉菜单，在其中选择合适项，如图 8.14 所示。【where Condition】一栏条件表达式最终编辑结果如图 8.15 所示。

单击【OK】按钮得出 SQL 选择查询后两个表联接的结果，如图 8.16 所示。

实际上，“安徽省县级以上行政驻地 . obj”和“安徽省地级行政区划 . obj”两者之间的空间关系也可表达为以下几种：“安徽省县级以上行政驻地 . obj entirely within 安徽省地级行政区划 . obj”、“安徽省地级行政区划 . obj　Contains 安徽省县级以上行政驻地 . obj”、“安徽省县级以上行政驻地 . obj Intersects 安徽省地级行政区划 . obj”等。

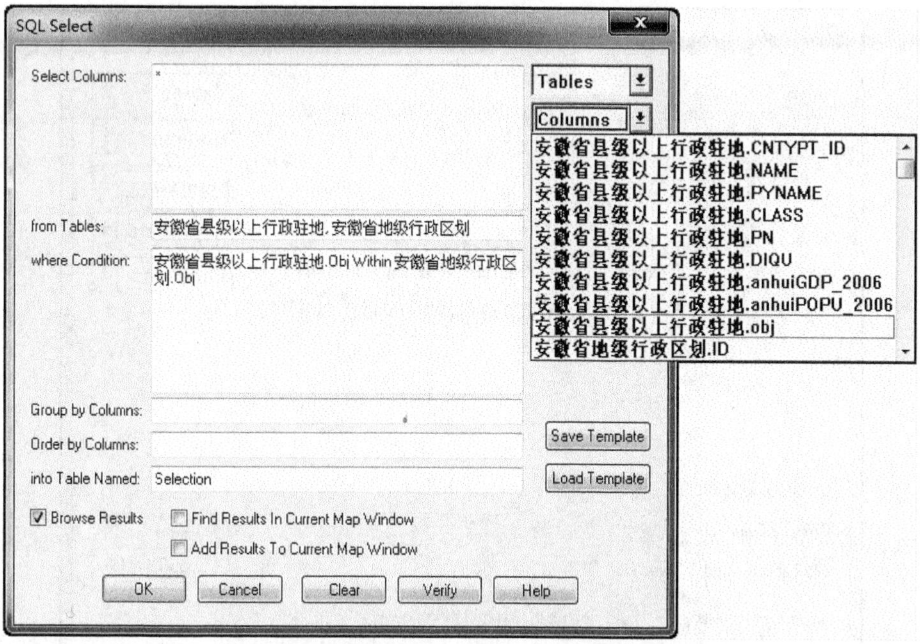

图 8.13　【SQL Select】窗口【Columns】的选择

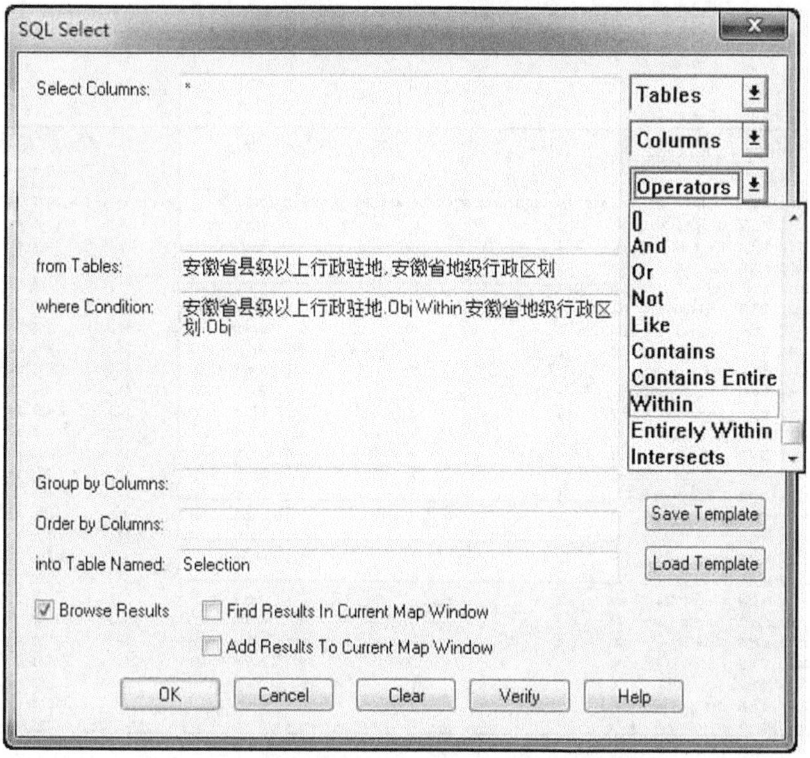

图 8.14　【SQL Select】窗口【Operators】的选择

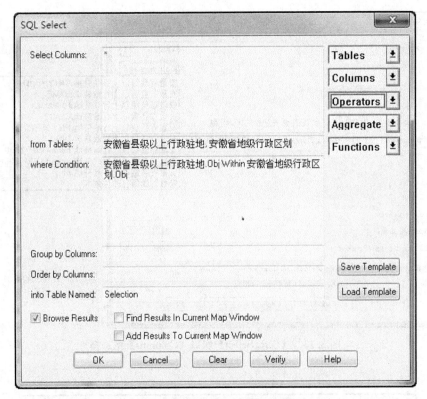

图 8.15　条件表达式编辑结果

CNTYPT_ID	NAME	PYNAME	CLASS	PN	DIQU	anhuiGDP_2006	anhuiPOPU_2006	ID	DIQU	AREA	GDP_1995	GDP_2005	POPU
840	砀山县	Dangshan Xian	AI	1		0	0	6	宿州市	9,918.15	109.08	312.98	609.939
862	萧县	Xiao Xian	AI	1		0	0	6	宿州市	9,918.15	109.08	312.98	609.939
1,405	濉溪县	Suixi Xian	AI	1		0	0	9	淮北市	2,757.81	71.78	208.99	212.24
1,299	亳州市	Bozhou Shi	AH	2		0	0	1	亳州市	8,525.51	11.99	265	561.646
1,524	灵璧县	Lingbi Xian	AI	1		0	0	6	宿州市	9,918.15	109.08	312.98	609.939
1,442	涡阳县	Guoyang Xian	AI	1		0	0	1	亳州市	8,525.51	11.99	265	561.646
1,531	泗县	Si Xian	AI	1		0	0	6	宿州市	9,918.15	109.08	312.98	609.939
1,548	固镇县	Guzhen Xian	AI	1		0	0	13	蚌埠市	5,961.63	94.29	311.33	352.472
1,464	蒙城县	Mengcheng Xian	AI	1		0	0	1	亳州市	8,525.51	11.99	265	561.646
1,363	界首市	Jieshou Shi	AI	1		0	0	15	阜阳市	10,126.4	170.38	324.61	954.612
1,374	太和县	Taihe Xian	AI	1		0	0	15	阜阳市	10,126.4	170.38	324.61	954.612
1,562	五河市	Wuhe Xian	AI	1		0	0	13	亳州市	5,961.63	94.29	311.33	352.472
1,475	利辛县	Lixin Xian	AI	1		0	0	1	亳州市	8,525.51	11.99	265	561.646
1,386	临泉县	Linquan Xian	AI	1		0	0	15	阜阳市	10,126.4	170.38	324.61	954.612
2,105	怀远县	Huaiyuan Xian	AI	1		0	0	13	蚌埠市	5,961.63	94.29	311.33	352.472
1,903	阜阳市	Fuyang Xian	AH	2		0	0	15	阜阳市	10,126.4	170.38	324.61	954.612
2,114	凤阳市	Fengyang Xian	AI	1		0	0	11	滁州市	13,523.18	155.91	328.08	439.99
2,122	明光市	Jiashan Xian	AI	1		0	0	11	滁州市	13,523.18	155.91	328.08	439.99
2,041	凤台县	Fengtai Xian	AI	1		0	0	10	淮南市	2,111.77	83.5	263.6	237.903
2,302	天长市	Tianchang Xian	AI	1		0	0	11	滁州市	13,523.18	155.91	328.08	439.99
1,935	阜南县	Funan Xian	AI	1		0	0	15	阜阳市	10,126.4	170.38	324.61	954.612
2,048	颍上县	Yingshang Xian	AI	1		0	0	15	阜阳市	10,126.4	170.38	324.61	954.612
2,053	寿县	Shou Xian	AI	1		0	0	2	六安市	18,424.72	120.6	312.82	686.734
2,145	定远县	Dingyuan Xian	AI	1		0	0	11	滁州市	13,523.18	155.91	328.08	439.99

图 8.16　依据对象空间关系的 SQL 选择查询表联接结果

3) 根据共同字段联接不同的表

当两个表之间具有存储相同内容的字段时，可利用这两个字段将两个表联接到一起。下面通过一个例子来说明该方法的操作过程。

现有两个表文件：安徽省县级以上行政驻地，如图 8.17 所示；滁州市县级以上行政驻地，如图 8.18 所示。它们分别存放了点图形对象来代表县级以上行政驻地位置。

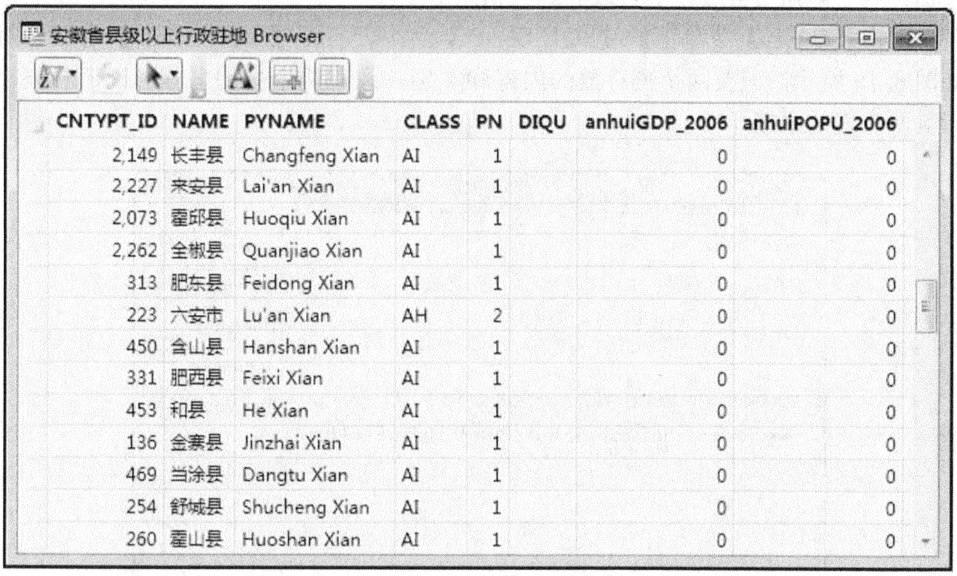

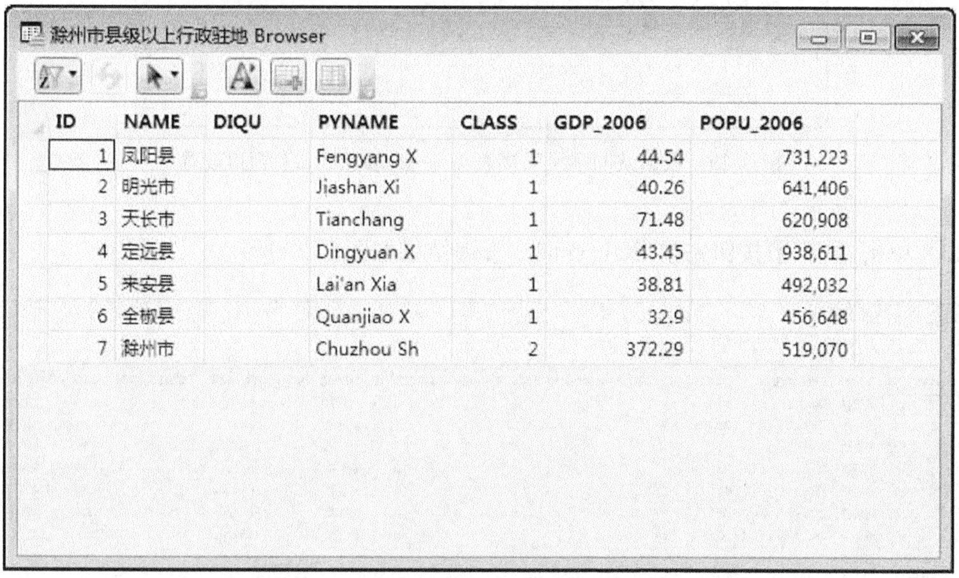

图 8.17 "安徽省县级以上行政驻地"存放的信息

图 8.18 "滁州市县级以上行政驻地"存放的信息

　　由图 8.17 和图 8.18 可以看出,"滁州市县级以上行政驻地"是"安徽省县级以上行政驻地"的一部分,且较"安徽省县级以上行政驻地"存放的信息更为详细。如何把"滁州市县级以上行政驻地"属性表文件中存放的信息整合到"安徽省县级以上行政驻地"表文件中去,可以通过两个文件的共同字段"NAME"进行表联接来解决问题。操作步骤如下:

　　(1) 如果"安徽省县级以上行政驻地"中没有存放相关信息的字段,可以编辑其表结构,增加存放"滁州市县级以上行政驻地"信息的字段。

　　(2) 点击【Query】菜单下的【SQL Select】命令,打开【SQL Select】窗口,对窗口设置如图 8.19 所示。只要两个列存放的内容和类别一致,两个列的名称可以不相同,此时不会影响两个表的联接。

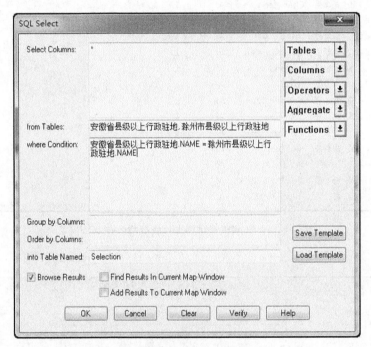

图 8.19　根据共同字段联接表文件【SQL Select】窗口设置

　　(3) 单击【OK】按钮完成 SQL 查询,查询结果如图 8.20 所示。

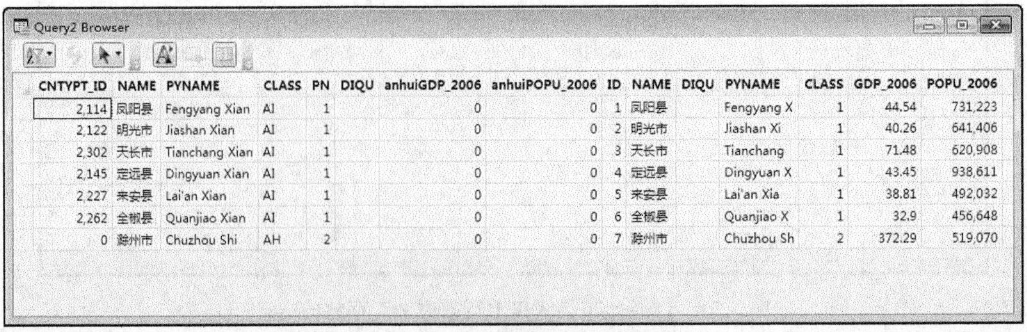

图 8.20　SQL 选择查询表联接结果

【from Tables】栏中表的顺序对查询结果有一定影响。如果两个表都含有地图对象，结果表将只含有排列在【from Tables】栏中第一个表的地图对象，如在本例中 MapInfo 会选择"安徽省县级以上行政驻地"表的部分或全部行，但"滁州市县级以上行政驻地"表本身不会被选择，如图 8.21 所示。

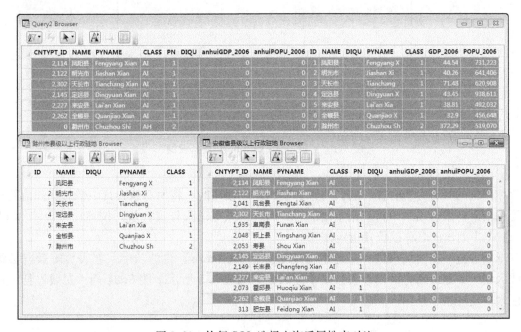

图 8.21　执行 SQL 选择查询后属性表对比

（4）执行【Update Column】命令，把查询结果赋值到目标列，如图 8.22 所示。【Update Column】窗口参数设置如图 8.23 所示。

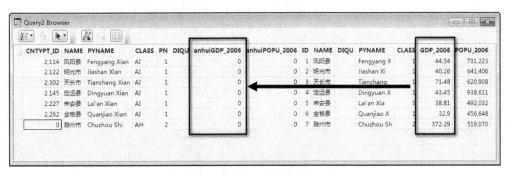

图 8.22　在 SQL 选择查询结果表中为相应列赋值示意图

要将【Table to Update】栏设定为存放 SQL 选择查询结果的临时表名称，【Column to Update】栏中的列和【Value】栏中的列是不同的列。单击【OK】按钮完成"anhuiGDP ＿ 2006"列的更新列操作。

4.【Group by Columns】栏

利用【Group by Columns】栏，可以通过指定特定的列对 SQL 查询进行分组，以便将

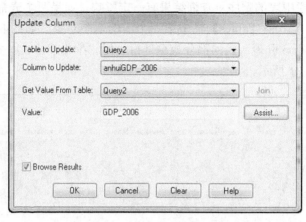

图 8.23　【Update Column】窗口设定

包含相同值的所有行组合在一起。与聚合函数结合使用时，将所有组合列中带有相同值的行视为一个组，聚合结果中将禁用重复的行，同时向派生列报告聚合值。按照在【Select Column】框中列出的名称或位置指定列。

下面通过一个实例来进一步理解【Group by Columns】栏的功能。在表"安徽省县级行政区划"中地级市与下辖县级行政单位的关系如表 8.1 所示。图 8.24 是"安徽省县级行政区划"属性表示意图。

表 8.1　安徽省地级市辖区划分（2012 年前）

合肥市	合肥市，长丰县，肥东县，肥西县
淮北市	淮北市，濉溪县
亳州市	亳州市，涡阳县，蒙城县，利辛县
宿州市	宿州市，砀山县，萧县，灵璧县，泗县
蚌埠市	蚌埠市，怀远县，五河县，固镇县
阜阳市	阜阳市，界首市，临泉县，太和县，阜南县，颍上县
淮南市	淮南市，凤台县
滁州市	滁州市，天长市，明光市，来安县，全椒县，定远县，凤阳县
六安市	六安市，寿县，霍邱县，舒城县，金寨县，霍山县
马鞍山市	马鞍山市，当涂县
巢湖市	巢湖市，庐江县，无为县，含山县，和县
芜湖市	芜湖市，芜湖县，繁昌县，南陵县
宣城市	宣城市，宁国市，郎溪县，广德县，泾县，绩溪县，旌德县
铜陵市	铜陵市，铜陵县
池州市	池州市，东至县，石台县，青阳县
安庆市	安庆市，桐城市，怀宁县，枞阳县，潜山县，太湖县，宿松县，望江县，岳西县
黄山市	黄山市，歙县，休宁县，黟县，祁门县

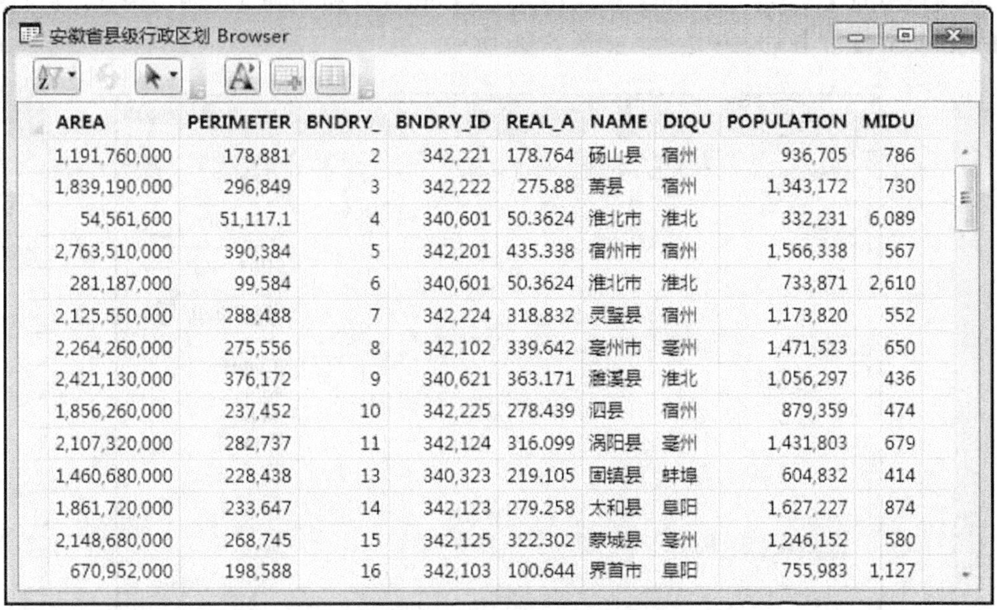

AREA	PERIMETER	BNDRY_	BNDRY_ID	REAL_A	NAME	DIQU	POPULATION	MIDU
1,191,760,000	178,881	2	342,221	178.764	砀山县	宿州	936,705	786
1,839,190,000	296,849	3	342,222	275.88	萧县	宿州	1,343,172	730
54,561,600	51,117.1	4	340,601	50.3624	淮北市	淮北	332,231	6,089
2,763,510,000	390,384	5	342,201	435.338	宿州市	宿州	1,566,338	567
281,187,000	99,584	6	340,601	50.3624	淮北市	淮北	733,871	2,610
2,125,550,000	288,488	7	342,224	318.832	灵璧县	宿州	1,173,820	552
2,264,260,000	275,556	8	342,102	339.642	亳州市	亳州	1,471,523	650
2,421,130,000	376,172	9	340,621	363.171	濉溪县	淮北	1,056,297	436
1,856,260,000	237,452	10	342,225	278.439	泗县	宿州	879,359	474
2,107,320,000	282,737	11	342,124	316.099	涡阳县	亳州	1,431,803	679
1,460,680,000	228,438	13	340,323	219.105	固镇县	蚌埠	604,832	414
1,861,720,000	233,647	14	342,123	279.258	太和县	阜阳	1,627,227	874
2,148,680,000	268,745	15	342,125	322.302	蒙城县	亳州	1,246,152	580
670,952,000	198,588	16	342,103	100.644	界首市	阜阳	755,983	1,127

图 8.24　"安徽省县级行政区划"属性表部分信息

　　利用该表中的信息，统计各地级市下辖县的个数、各地级市人口数两个信息，并把它们存放到新表中。应用 SQL 选择查询解决该问题的【SQL Select】窗口参数设置，如图 8.25 所示。

图 8.25　【SQL Select】窗口设置

在窗口中的【Select Column】栏应用到了 Count（）和 Sum（）两个函数，它们可以从【Aggregate】下拉列表中选择，如图 8.26 所示。

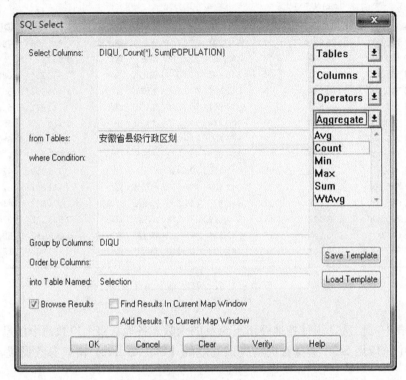

图 8.26　【SQL Select】窗口中的【Aggregate】下拉列表

在【Aggregate】下拉列表中包含的函数称为集合函数，它们的作用如下：

Count（＊）：计算一个组内的记录个数，它适用于整个属性表，而不是部分记录，因此仅用＊作为其参数；

Sum（表达式）：计算一个组全部记录表达式值的总和；

Avg（表达式）：计算一个组全部记录表达式值的平均值；

Max（表达式）：找出一个组全部记录表达式值中的最大值；

Min（表达式）：找出一个组全部记录表达式值中的最小值；

WtAvg（表达式）：针对组中的所有记录计算表达式中值的加权平均值。

以上所述的表达式，最简单的情况是一个字段名。

【Group by Columns】栏中设置列为"DIQU"，并根据该列中的值进行分组。单击【OK】按钮得出结果，如图 8.27 所示。

结果表中各列的名字为【Select Column】栏中的字段名称。这些字段名也可以自拟，方法见【Select Column】栏的介绍。此外，【Group by Columns】也可以依据多列进行分组。

此例的结果与书中前面第 5 章 5.3.5 节中讲解"设置目标分区/分配选定对象"时所举例子类似。可以对比两个例题所应用的方法。

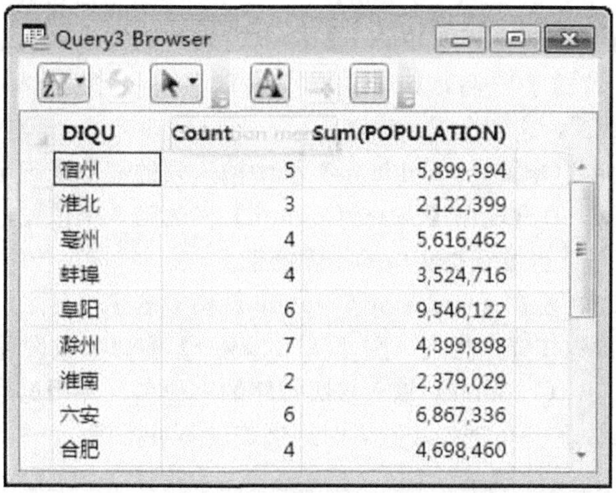

图 8.27　SQL 选择查询结果

5.【Order by Columns】栏

在对话框中使用此栏，可对结果表的记录进行升序或降序排序。默认值下，用升序排序一个表。如果要用一个字符型字段进行排序，升序意味着 A 出现在 B 之前，如此类推。如果你对一个数字型字段进行排序，小的数值出现在大的数值之前。

例如，如果我们将图 8.24 中各地级市人口数按升序进行排序，则【SQL Select】窗口的参数设置如图 8.28 所示。

图 8.28　【SQL Select】窗口设置

图 8.28 所示窗口中，【Select Column】栏把 Sum(POPULATION)列统计结果重命名为"地级市人口"。在【Order by Columns】栏中输入"地级市人口"字段名作为排序列。在此也可以输入重命名的字段名，如"地级市人口"，但不能输入应用函数表达式，如"Sum(POPULATION)"，这样会提示错误。

此外，还可通过向【Order by Columns】栏中输入列的编号来确定要排序的列，在该例中，Sum(POPULATION)出现在【Select Column】栏的第 3 个位置，因此，在【Order by Columns】栏中输入"3"也可获得相应的排序结果。

当使用降序排序时，要在【Order by Columns】栏中的字段名之后放一个词 desc。如上例中要使各地级市人口数按降序排列，则【SQL Select】窗口参数设置如图 8.29 所示。

此外，在【Order by Columns】输入多级排序的字段名，并用逗号隔开，可实现多级排序。【Order by Columns】是可选栏，缺省时结果表就不被排序。

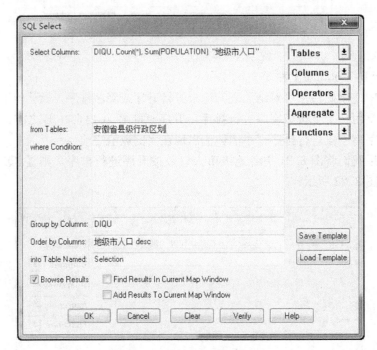

图 8.29　【SQL Select】窗口设置

6. 【into Table Named】栏

该栏用于设置结果表的名称。缺省时，结果表被命名为 selection。值得注意的是，该表始终是一个临时表，只有通过【Save Copy As】命令才能将其保存为一个普通表。

8.3　数　据　统　计

应用【Query】→【Calculate Statistics】菜单命令，可以进行属性表数据统计分析。如果是对所有记录进行统计计算，直接点击【Query】→【Calculate Statistics】命令，打开【Calculate Column Statistics】窗口进行统计即可；如果仅对部分记录进行统计计算，需要先筛选出相应记录，然后进行统计计算。

属性表统计计算的操作过程如下：

（1）查询选择相应记录，如果是对所有记录进行统计计算，此步骤可省略。

（2）单击【Query】→【Calculate Statistics】菜单命令，弹出【Calculate Column Statistics】窗口，如图 8.30 所示。

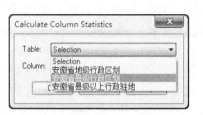

图 8.30　【计算列统计值】窗口

（3）在【Calculate Column Statistics】窗口中的【Column】栏中选择要统计的字段名。【Table】栏的设定需要分情况而定：①如果是对所有记录进行统计计算，直接选择要统计表的名字；②如果仅对部分记录进行统计计算，且统计计算前不查看筛选结果，则在【Table】栏中选择【Selection】选项；③如果仅对部分记录进行统计计算，且统计计算前要打开浏览窗口查看筛选结果，则在【Table】栏中需要选择存放筛选结果的临时表的表名。

8.4　实例与练习

练习：道路里程统计分析

1. 背景

数据查询、更新列、统计分析等是 GIS 空间分析的基础，具有广泛的应用，同时其应用实现方式也具有极其丰富的变化，需要不断的实践练习才能较好掌握该技术。

2. 目的

通过对安徽省各地区的道路里程进行分类汇总、属性表列的更新运算等操作，进一步加深对 MapInfo 查询与统计分析功能的认识。

3. 要求

通过对"安徽省道路"、"安徽省地级行政区划"表文件做进一步的操作，统计得出安徽省各地区单位面积道路里程、人均道路里程。并将分别以单位面积道路里程、人均道路里程前十名的地区及相关数据输出。

4. 数据

第 7 章实例与练习中制作的"安徽省道路"和"安徽省地级行政区划"表文件。

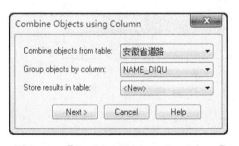

图 8.31　【Combine Objects using Column】
窗口设置

5. 操作步骤

（1）对安徽省各地区道路进行汇总。

打开"安徽省道路"表文件。单击菜单【Table】→【Combine Objects using Column】命令，弹出【Combine Objects using Column】窗口，对窗口进行参数设置，如图 8.31 所示。

单击【Next】按钮，弹出【New Table】窗口，窗口参数设置，如图 8.32 所示。

单击【Create】按钮，弹出【New Table Structure】窗口，保持窗口中的默认设置；单击窗口中的【Create】按钮，弹出【Create New Table】窗口，设置生成表文件的存放路径，将该表文件命名为"安徽省各地区道路汇总"；单击【保存】按钮，弹出【Data Aggregation】窗口，对该窗口进行参数设置，如图8.33所示。

图 8.32 　【New Table】窗口设置

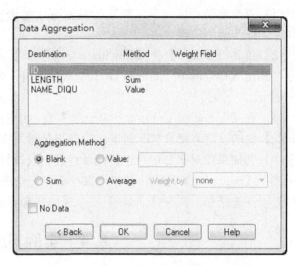

图 8.33 　【Data Aggregation】窗口设置

单击【OK】按钮，完成对安徽省各地区道路里程汇总统计。

（2）将上步得出的汇总结果导入到"安徽省地级行政区划"表文件中。该步问题的解决方法有两种，一是上一章中应用的表的联接，二是本章讲到的"SQL 选择"。

（3）在"安徽省地级行政区划"表文件中添加"单位面积公路里程"和"人均公路里程"字段。

（4）更新"安徽省地级行政区划"表文件中的"单位面积公路里程"和"人均公路里程"两字段值，分别进行如图 8.34 所示的参数设置。

(a)更新"单位面积公路里程"列

(b) 更新"人均公路里程"列

图 8.34 　【Update Column】窗口设置

（5）对统计结果进行排序。

分别根据"单位面积公路里程"和"人均公路里程"这两个字段的值，进行由高到低的排序。排序应用【SQL Select】操作完成，窗口参数设置如图 8.35 所示。

(a) 根据"单位面积公路里程"列排序   (b) 根据"人均公路里程"列排序

图 8.35 排序操作中【SQL Select】窗口设置

（6）根据排序结果更新"ID"列的值。

在上一步【SQL Select】窗口设置中，对排序操作均设置了【Browse Results】项，因此，排序结果输出到一个临时的浏览窗口。使用【Update Column】更新该临时浏览窗口中的"ID"列值，【Update Column】窗口的参数设置如图 8.36 所示。该步操作会根据排序先后对"ID"列进行重新序号赋值。

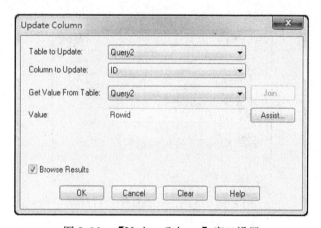

图 8.36 【Update Column】窗口设置

（7）对"安徽省地级行政区划"表文件进行选择操作。

【SQL Select】窗口的设置如图 8.37 所示。单击【OK】按钮，查询结果会输出到一个临时的浏览窗口中。

（8）将查询结果输出到 dbf 文件。

单击菜单【Table】→【Export】命令，弹出【Export Table】窗口，在该窗口的【Export Table】项中选择上步生成的临时文件，如图 8.38 所示。单击【Export】按钮，在弹出的窗口中设置文件输出位置，将保存类型设定为 *.dbf 格式。单击【保存】按钮完成输出。

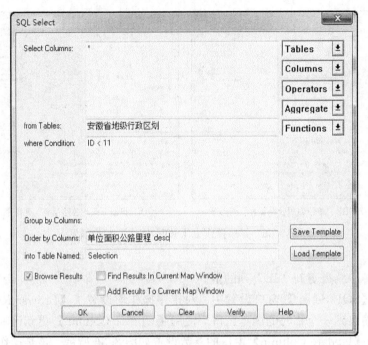

图 8.37　【SQL Select】窗口设置

图 8.38　【Export Table】窗口设置

第9章 地图制作与输出

9.1 创建专题地图

专题地图（thematic map），又称特种地图，是着重表示一种或数种自然要素或社会经济现象的地图。专题地图的内容由两部分构成：①专题内容。图上突出表示的自然或社会经济现象及其有关特征。②地理基础。用以标明专题要素空间位置与地理背景的普通地图内容，主要有经纬网、水系、境界、居民地等。

MapInfo Professional 提供了 7 种不同类型的地图制作工具，包括范围值图、直方图、饼图、等级符号图、点密度图、独立值图和网格图。用户可以根据实际需要制作不同类型的专题地图。本节通过两个实例介绍 MapInfo Professional 专题地图的创建过程。

例9.1 应用"安徽省地级行政区划"表文件中的"GDP＿2005"列来创建范围值图。操作步骤如下：

（1）点击【File】→【Open】命令，打开"安徽省地级行政区划"表文件。

（2）点击【Map】→【Create Thematic Map】命令，打开【Create Thematic Map-Step 1 of 3】窗口，如图 9.1 所示。

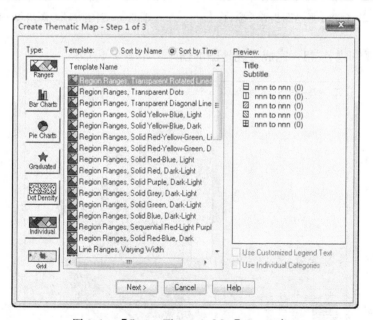

图 9.1 【Create Thematic Map】Step1 窗口

（3）在【Type】选项组中选择范围值专题地图类型，在【Template】列表框中选择地图模板。

（4）点击【Next】按钮，打开【Create Thematic Map-Step 2 of 3】窗口，并设置窗口

参数，如图 9.2 所示。

（5）点击【Next】按钮，打开【Create Thematic Map-Step 3 of 3】窗口，在此对话框中定义符号样式及图例，如图 9.3 所示。

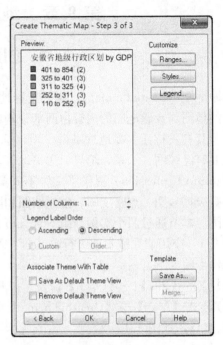

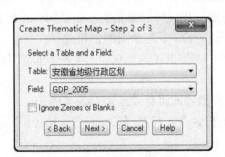

图 9.2　创建专题地图步骤 2 窗口　　　　　图 9.3　创建专题地图步骤 3 窗口

（6）点击【OK】按钮，完成专题地图的创建，如图 9.4 所示。

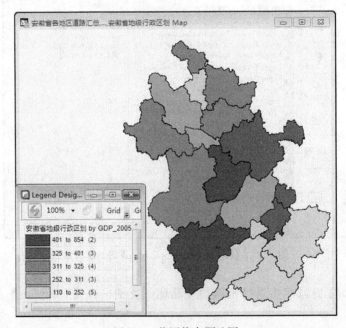

图 9.4　范围值专题地图

图 9.4 只是根据图层的属性进行了分层设色的显示，并不能作为最终的专题地图输出，制作规范的专题地图还需要进行地图布局的操作。

例 9.2　应用"安徽省地级行政区划"表文件中的"AREA"字段和"POPU"字段，构建计算每个地级市人口密度的表达式，并创建范围值图。其中"AREA"字段单位为平方千米，"POPU"字段单位为万人。

操作步骤如下：

（1）点击【File】→【Open】命令，打开"安徽省地级行政区划"表文件。

（2）点击【Map】→【Create Thematic Map】命令，打开【Create Thematic Map-Step 1 of 3】窗口。专题图如图 9.5 所示。

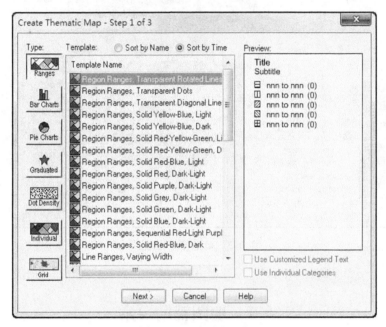

图 9.5　【Create Thematic Map】Step1 窗口

（3）在【Type】选项组中选择范围值专题地图类型，在【Template】列表框中选择地图模板。

（4）点击【Next】按钮，打开【Create Thematic Map-Step 2 of 3】窗口，在【Table】栏的下拉菜单中选择"安徽省地级行政区划"，点击【Field】栏的下拉菜单，选择【Expression】项，弹出【Expression】窗口，并设置该窗口，如图 9.6 所示。

（5）单击【OK】按钮，完成【Expression】窗口设置，并返回【Create Thematic Map-Step 2 of 3】窗口。

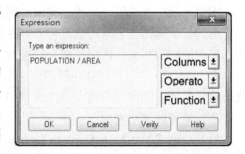

图 9.6　【Expression】窗口设置

（6）点击【Next】按钮，打开【Create Thematic Map-Step 3 of 3】窗口，在此对话框中定义符号样式及图例。

（7）点击【OK】按钮，完成专题地图的创建。专题图如图 9.7 所示。

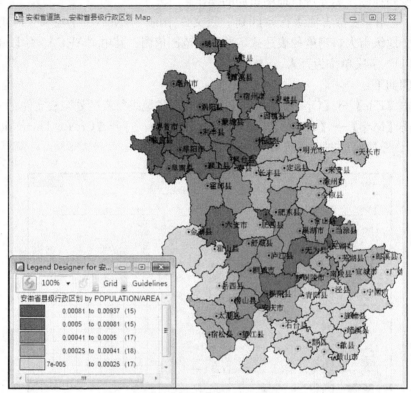

图 9.7　范围值专题地图

9.2　地图辅助要素

9.2.1　图例

图例是集中于地图一角或一侧的地图上各种符号和颜色所代表内容与指标的说明，有助于更好的认识地图。它具有双重任务，在编图时作为图解表示地图内容的准绳，用图时作为必不可少的阅读指南。图例应符合完备性和一致性的原则。

在 MapInfo 中可以创建两种图例：专题图例和制图图例。专题图例在创建专题图时系统会自动生成，制图图例指在地图窗口中创建应用于任何图层的图例。

创建地图图例步骤如下：

（1）点击【Map】→【Create Legend】命令，打开【Create Legend-Choose Layers】窗口，如图 9.8 所示。

（2）通过【Add】和【Remove】按钮，在【Legend Frames】对话框中确定要在图例中使用的图层。

（3）点击【Next】，打开【Create Legend-Legend Default Properties】窗口，如图 9.9 所示。

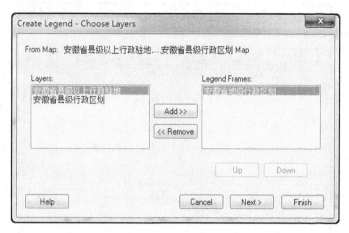

图 9.8　【Create Legend-Choose Layers】窗口

图 9.9　【Create Legend-Legend Default Properties】窗口

（4）设置图例属性和图例框参数，点击【Finish】按钮，完成图例设置并显现。点击【Next】按钮，打开【Create Legend-Frame Properties】窗口，如图 9.10 所示。

（5）在【Create Legend-Frame Properties】中，分别设置每个图例框的属性。

（6）点击【Finish】，完成每个图例框的设置，显示图例。

9.2.2　比例尺

比例尺是表示图上一条线段的长度与地面相应线段的实际长度之比。如果要在地图或布局上包含距离或大小信息，需要配置比例尺。在【Tools】菜单上，单击【Tool Manager…】命令，向下滚动工具列表，选中将加载比例尺程序的复选框，此时比例尺菜单将被添加到

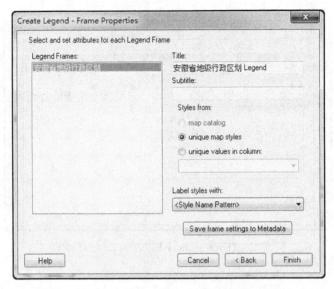

图 9.10　【Create Legend-Frame Properties】窗口

图 9.11　【Create Adornment】窗口

【Tools】菜单中，比例尺工具将被添加到【Tools】菜单中。

绘制比例尺的操作步骤为：

（1）在【Main】工具栏中，单击【Create a Scale Bar】命令按钮，弹出【Create Adornment】窗口，完成参数设置，如图 9.11 所示。

（2）单击【Next】按钮，弹出【Create Scale Bar】窗口，如图 9.12 所示。

（3）选择比例尺的宽度和纵横比。

（4）设置文本样式和填充颜色。

（5）单击【Finish】，比例尺将被绘制在地图窗口中。

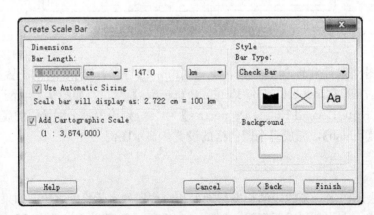

图 9.12　【Create Scale Bar】窗口

9.2.3　指北针

打开指北针工具操作如下：在【Tools】菜单上，单击【Tool Manager】命令，向下滚动工具列表，然后选中【North Arrow】复选框，指北针菜单将被添加到【Tools】菜单中，指北针工具同时将添加到【Tools】工具栏中。

在窗口中加载指北针的步骤如下：

（1）在【Tools】工具栏中，单击【North Arrow】命令按钮，在要添加指北针的窗口上单击鼠标左键，弹出【指北针】窗口，如图 9.13 所示。

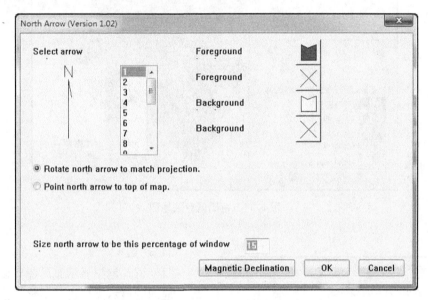

图 9.13　【North Arrow】窗口

（2）设置指北针窗口。通过选择【Select arrow】栏设定指北针类型，并且通过窗口右侧的命令按钮设定指北针的颜色。通过窗口【Size north arrow to be this percentage of window】栏设定指北针大小。

9.3　地　图　布　局

MapInfo 中的地图、专题地图、图例等要素均独自处在不同窗口中，如图 9.14 所示。这样的效果显然不符合专题地图的输出标准，需要利用地图布局工具把这些窗口整合到一个窗口。

窗口布局的操作步骤分为以下五步。

1）创建布局窗口

在已经创建专题地图的基础上，点击【Window】→【New Layout Window】菜单命令，打开【New Layout Window】窗口，如图 9.15 所示。

选择【Frames for All Currently Windows】，点击【OK】按钮，MapInfo 将打开并显示布局，如图 9.16 所示。

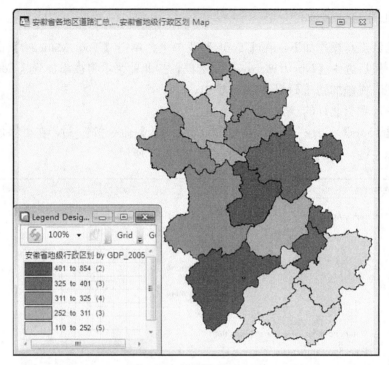

图 9.14　范围值专题地图

图 9.15　【New Layout Window】窗口

2）设置布局窗口

（1）调整地图显示布局窗口创建完成以后，地图的显示需要进行调整，比如图形没有完全显示或未处于合适位置，如图 9.17 所示。

在布局窗口中进行地图显示位置调整、地图缩放等操作，需要返回到地图窗口，如图 9.18 所示。图例的样式和大小的调整，需要到存放图例的窗口中进行。

（2）布局页面的大小调整。地图的输出大小和输出精度与页面的大小有很大关系。布局页面的大小可以通过两种方式进行设定：一是纸张的大小，二是纸张的数量。

纸张大小设定方法为：点击【File】→【Page Setup】菜单，在打开的【Page Setup】对话框中设置页面的方向（横向或纵向）、页面的边缘以及纸张的尺寸及来源等项。

纸张数量设定方法为：点击【Layout】→【Option】命令（只有在布局窗口处于激活的状态下，该菜单栏才显示），打开【Layout Display Options】对话框，设置【Layout Size】项中的横向（Width）和纵向（Height）的纸张数量值，如图 9.19 所示。

【Show frame Contents】选项组中各选项的含义如下：Always，总是显示框架的内容，甚至当它未被激活的时候也显示；Only when Layout Window is Active，仅当布局窗口被激活时才显示框架的内容；Never，不显示框架中的内容，只显示框架中窗口的标题。

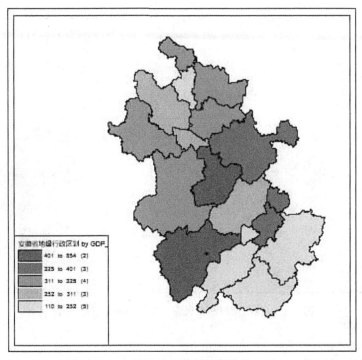

图 9.16 布局窗口

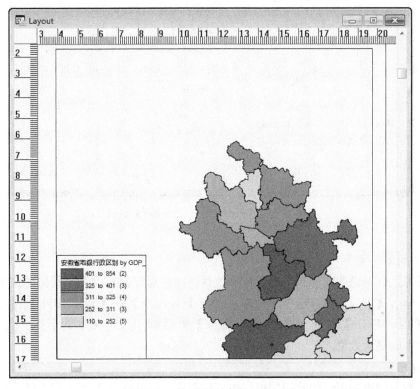

图 9.17 布局窗口中的地图显示

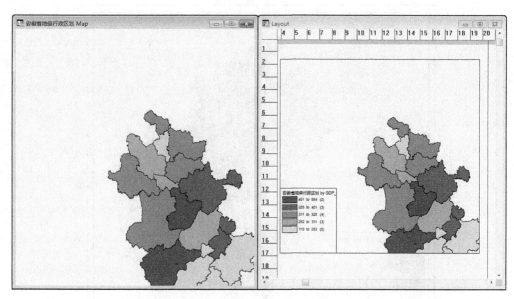

图 9.18　地图窗口和布局窗口中地图要素显示关系

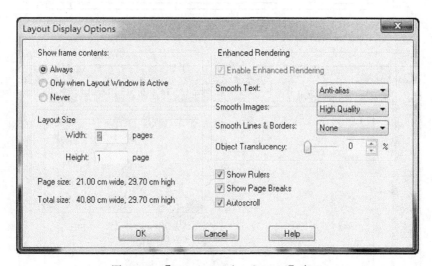

图 9.19　【Layout Display Options】窗口

3）给布局添加文字

为布局加上标题说明或为布局中对象添加标注时，可以使用绘图工具中的文字工具。如果需要改变输入文本的样式，选中该文本，点击【Options】→【Text Style】命令或点击工具栏中的【Text Style】按钮，在【Text Style】对话框中设置文本的字体、大小、颜色、背景以及文本的显示效果。

4）创建阴影

在布局对象的周围可以创建阴影以产生三维效果。先选中需要创建阴影的对象，再选择【Layout】→【Create Drop Shadows】菜单，在【Create Drop Shadows】对话框中指定阴影的水平位移、垂直位移。值得注意的是，对象和阴影并非相关，所以在改变对象的大小或位置时，阴影并不改变。

5）添加框架

在布局窗口中绘制一个框架，需要执行以下操作：

（1）激活布局窗口或新建一个布局窗口。

（2）点击【Drawing】工具栏中的【Frame】按钮，将鼠标移动至布局窗口。

（3）在需要绘制框架的位置，点击鼠标左键并拖动，绘制框架。

（4）松开鼠标，打开【Frame Object】窗口，如图 9.20 所示。

（5）完成对话框参数设置，点击【OK】按钮。

图 9.20　【Frame Object】窗口

9.4　地 图 输 出

9.4.1　图像输出

可将地图窗口或布局窗口输出为栅格图像，图像格式可根据需要进行选定。操作过程为：点击【File】→【Save Window As】，弹出【Save Window to File】窗口，选择图像输出路径及输出图像格式，单击【OK】按钮完成图像输出。

9.4.2　打印输出

打印窗口需要执行以下操作：

（1）选择需要打印的地图窗口。

（2）点击【File】→【Print】命令，弹出【Print】对话框。

（3）在对话框中设置打印的份数以及打印的范围。

（4）点击【Advanced】按钮，打开【Advanced Printing Options】窗口（图 9.21），确

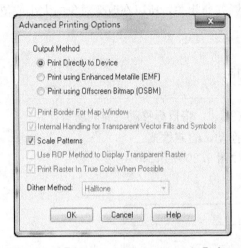

图 9.21　【Advanced Printing Options】窗口

定下列选项。

【Output Method】选项提供了三种打印方法：①直接打印到设备；②利用增强的图元文件（EMF）打印；③使用离屏位图打印。

【Print Border For Map Window】选项：在输出地图时，打印一个矩形的边框。

【Internal Handling for Transparent Vector Fills and Symbols】选项：如果输出中有透明填充图案或位图时，可以进行特殊的透明处理。

【Use ROP Method to Display Transparent Raster】选项：通过栅格操作对透明像素进行处理。通过此方法，就可以在屏幕上绘制透明或不透明的图像。

【Print Raster In True Color When Possible】选项：使用 24 位真彩色打印图像。

【Dither Method】选项：当打印栅格或网格图像时，可以应用这个选项，并在此下拉框中选择一个抖动方法。

（5）完成所有设置，点击【OK】按钮，开始打印地图。

9.5　实例与练习

练习：制作安徽省交通旅游简图

1. 背景

利用已有的各专题矢量数据，通过图层要素叠加、图形要素样式设置、地图辅助要素添加等操作，制作一幅简易的"安徽省交通旅游图"。

2. 目的

通过制作"安徽省交通旅游图"，使读者掌握不同专题数据的应用，数据格式的转换，图形要素样式的设置方法及地图辅助要素的添加设置等。

3. 要求

地图中的图形样式自行设定，行政驻地、景点的标注采用自动标注，字体大小自拟。在提供的基础数据基础上，尽可能的再添加其他类型的图形要素，丰富地图内容。

4. 数据

前面章节实例与练习中制作的"安徽省道路"、"安徽省地级行政区划"表文件，已有的"安徽省县级行政区划"、"安徽省县级以上行政驻地"表文件，shp 格式的"安徽省旅游景点"、"安徽省铁路"数据。

5. 操作步骤

（1）数据转换。单击菜单【Tools】→【Universal Translator】→【Universal Translator】命令，弹出【FME Quick Translator】窗口，如图 9.22 所示。

单击【Translate data】按钮，弹出【Set Translation Parameters】窗口，对该窗口进行设置，如图 9.23 所示。

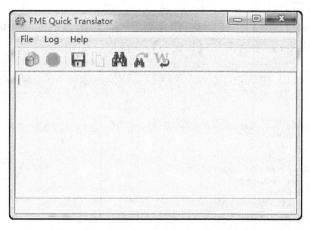

图 9.22　【FME Quick Translator】窗口

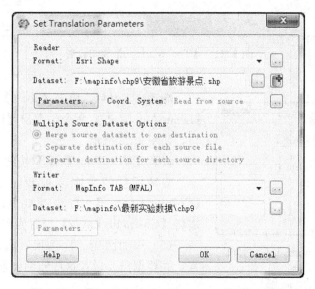

图 9.23　【Set Translation Parameters】窗口设置

单击【OK】按钮实现 shp 格式到 tab 格式的转换。

（2）打开各图层。将各个图层添加到当前地图窗口，调整图层的顺序。

（3）图形要素的设置。部分图层中只包含了一类要素，如"安徽省铁路"，而部分图层中包含了两种或两种以上的要素种类，因此，需要根据表文件属性表中的属性值对图形要素的样式进行设置。"安徽省道路"中的"ID"列中的值代表三类道路，这些在第 6 章中已经介绍；"安徽省县级以上行政驻地"中"PN"列的"1"值代表县级行政驻地，"2"值代表地级市级行政驻地。制图时需要分别设置上述要素的图形显示样式。

（4）添加标注。标注分为文本标注和自动标注两类。

在添加文本标注之前，需要先新建存放文本的表文件，然后在该表文件中设置编辑文本的字体、大小、颜色等可视化效果。

自动标注的过程如下：

首先，单击菜单【Tools】→【Tool Manager…】，弹出【Tool Manager】窗口，单击工具栏中名为【Autolabeler】项后面的【loaded】复选框，如图 9.24 所示。

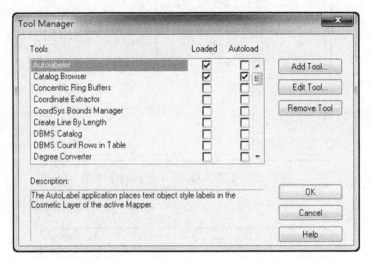

图 9.24　【Tool Manager】窗口设置

图 9.25　【Draw Autolabels】窗口

激活该工具后，单击【Tools】→【Autolabels】→【Draw Autolabels】命令，弹出【Draw Autolabels】窗口，如图 9.25 所示。

设置完毕，单击【OK】按钮完成自动标注。

自动标注的文本会被暂时存放到系统自带的【Cosmetic Layer】中。如果要更改这些文本的样式，需将【Cosmetic Layer】设置为可编辑状态。

（5）添加图例、比例尺、指北针等地图辅助要素，并根据需要设置这些辅助要素的样式。

（6）完成地图布局操作。

（7）将设置好的地图窗口保存到工作空间，便于以后对地图的修改。

（8）采用图像输出方式输出地图。

主要参考文献

边馥苓. 1996. 地理信息系统原理和方法. 北京：测绘出版社.

陈俊，宫鹏. 1998. 实用地理信息系统. 北京：科学出版社.

陈述彭，鲁学军，周成虎. 1999. 地理信息系统导论. 北京：科学出版社.

陈正江，张兴国. 2012. 地理信息系统设计与开发. 2 版. 北京：科学出版社.

陈志民，刘有良. 2011. SketchUp 8 从入门到精通. 北京：机械工业出版社.

承继成，李琦，林珲，等. 2007. 数字城市—理论、方法与应用. 北京：科学出版社.

承继成，林珲，周成虎，等. 2000. 数字地球导论. 北京：科学出版社.

杜巧玲，吴秀芹，张淼. 2005. MapInfo7 中文版入门与提高. 北京：清华大学出版社.

龚建雅，杜道生，李清泉，等. 2004. 当代地理信息技术. 北京：科学出版社.

龚健雅. 2004. 当代 GIS 的若干理论与技术. 武汉：武汉测绘科技大学出版社.

郭达志，盛业华，余兆平，等. 1997. 地理信息系统基础与应用. 北京：煤炭工业出版社.

郭庆胜，任晓燕. 2003. 智能化地理信息处理. 武汉：武汉大学出版社.

郭仁忠. 2011. 空间分析. 2 版. 北京：高等教育出版社.

胡鹏，黄杏元，华一新. 2002. 地理信息系统教程. 武汉：武汉大学出版社.

胡毓钜. 1992. 地图投影. 北京：测绘出版社.

华一新，等. 2001. 地理信息系统原理与技术. 北京：解放军出版社.

黄杏元，马劲松，汤勤. 2001. 地理信息系统概论（修订版）. 北京：高等教育出版社.

兰运超，利光秘，袁征. 1991. 地理信息系统原理. 广州：广东省地图出版社.

李德仁，龚健雅，边馥苓. 1993. 地理信息系统导论. 北京：测绘出版社.

李胜乐，陆远忠，车时. 2004. MapInfo 地理信息系统二次开发实例. 北京：电子工业出版社.

刘光. 2003. 地理信息系统——基础篇. 北京：中国电力出版社.

刘光，贺小飞. 2003. 地理信息系统实习教程. 北京：清华大学出版社.

刘南，刘仁义. 2002. 地理信息系统. 北京：高等教育出版社.

刘湘南，黄方，王平. 2002. 地球信息科学导论. 长春：吉林教育出版社.

陆守一，唐小明，王国胜. 2000. 地理信息系统实用教程. 2 版. 北京：中国林业出版社.

间国年，吴平生，周晓波. 1999. 地理信息科学导论. 北京：中国科学技术出版社.

马亮，王芬，边海. 2012. 中文版 Google SketchUp Pro 8.0 完全自学教程. 北京：人民邮电出版社.

马谦. 2010. 智慧地图：Google Earth/Maps/KML 核心开发技术揭秘. 北京：电子工业出版社.

毛赞猷，等. 2009. 新编地图学教程. 2 版. 北京：高等教育出版社.

宋小冬，等. 2013. 地理信息系统实习教程. 3 版. 北京：科学出版社.

汤国安，赵牡丹，杨昕，等. 2010. 地理信息系统. 2 版. 北京：科学出版社.

王学军，贾冰媛. 1993. 地理信息系统. 北京：中国环境科学出版社.

邬伦，刘瑜，张晶，等. 2002. 地理信息系统——原理、方法和应用. 北京：科学出版社.

邬伦，张晶，赵伟. 2002. 地理信息系统. 北京：电子工业出版社.

吴信才，等. 2002. 地理信息系统原理与方法. 北京：电子工业出版社.

吴秀琳，刘永革，王利军. 2009. MapInfo 9.5 中文版标准教程. 北京：清华大学出版社.

吴秀芹，李瑞改，王曼曼，等. 2013. 地理信息系统实践与行业应用. 北京：清华大学出版社.

徐庆荣，杜道生，黄伟，等. 1993. 计算机地图制图原理. 武汉：武汉测绘科技大学出版社.

张超，陈丙咸，邬伦. 1995. 地理信息系统. 北京：高等教育出版社.

张凯，马亮，边海，等. 2012. Google SketchUp 设计沙龙. 北京：人民邮电出版社.

郑春燕，邱国锋，张正栋，等. 2011. 地理信息系统原理、应用与工程. 2 版. 武汉：武汉大学出版社.

朱光，季晓燕，戎兵. 1997. 地理信息系统基本原理及应用. 北京：测绘出版社.

祝国瑞. 2004. 地图学. 武汉：武汉大学出版社.

ESRI，http：//www. esrichina-bj. cn/.

GoogleEarth，http：//earth. google. com/.

Kang-tsungChang . 2003. 地理信息系统导论. 陈健飞，等译. 北京：科学出版社.

MapInfo，http：//www. mapinfo. com/.